U0339030

◎ 尹军峰　陆德彪　主编

名优绿茶机械化采制
技术与装备

中国农业科学技术出版社

图书在版编目(CIP)数据

名优绿茶机械化采制技术与装备／尹军峰，陆德彪 主编. -- 北京：
中国农业科学技术出版社， 2018.5

ISBN 978-7-5116-3451-1

Ⅰ. ①名… Ⅱ. ①尹… 陆… Ⅲ. ①绿茶-农业生产-农业
机械化-机械设备 Ⅳ. ①S571.1

中国版本图书馆 CIP 数据核字(2017)第 321636 号

责任编辑	闫庆健
文字加工	李功伟
责任校对	李向荣
出 版 者	中国农业科学技术出版社
	北京市中关村南大街 12 号　邮编：100081
电　　话	(010)82106632(编辑部)　　(010)82109702(发行部)
	(010)82109709(读者服务部)
传　　真	(010)82106625
网　　址	http://www.castp.cn
经 销 者	各地新华书店
印 刷 者	浙江海虹彩色印务有限公司
开　　本	710mm×1000mm　1/16
印　　张	13.25
字　　数	324 千字
版　　次	2018 年 5 月第 1 版　2018 年 5 月第 1 次印刷
定　　价	65.00 元

名优绿茶机械化采制技术与装备

主　　编	尹军峰　陆德彪
副 主 编	袁海波　石元值　翁　蔚　陈根生　王岳梁　陈文智
参编人员	董久鸣　邓余良　方乾勇　高　扬　胡剑光　胡惜丽
	何乐芝　韩扬云　金　晶　金　鑫　金银永　刘海滨
	吕闰强　雷赛高　雷永宏　吴荣梅　潘建义　徐文武
	许勇泉　俞燎远　余书平　余淑芳　杨宇宙　张林福
	张兰美　周竹定
技术顾问	鲁成银　毛祖法　阮建云
主　　审	权启爱

序　一

鲜叶采摘是茶叶生产中十分重要的环节，也是劳动力消耗高、劳动强度大、工作环境差的一项农事作业。国内外实践表明，机械化采茶是茶产业可持续发展的必由之路。

我国大宗绿茶的机械化采摘研究始于 20 世纪 50 年代，并于 20 世纪 80—90 年代在浙江等茶区率先取得成功。目前，珠茶、蒸青茶等出口的大宗茶采摘已基本实现了机械化。名优绿茶是我国绿茶中的一朵奇葩，外形独特，品质优异。经过千百年的传承发展，特别是近三四十年的开发，目前名优绿茶在茶产业中已占据举足轻重的地位。与当年大力研究推广大宗茶机采一样，当前名优绿茶产业发展同样面临日趋严重的"采茶难"问题。鉴于名优绿茶对产品外形的苛刻要求，其鲜叶原料的标准比大宗茶要高得多，因此名优绿茶机采不可能完全照搬大宗茶机采技术，需要技术革新。

名优绿茶机采是整个名优茶机采的重点和难点所在。针对这一主题，近一段时期以来，包括国家茶叶产业技术体系在内的不少国内科研机构和有关部门先后组织开展了研究攻关、技术示范与推广，并在各自领域取得了一些进展。其中，2005 年开始，中国农业科学院茶叶研究所与浙江省农业厅先后协作完成了浙江省重点科研项目、"三农六方"项目、"十县五十万亩"项目等多项名优绿茶机采课题，率先研究提出并集成熟化了毛峰形、颗粒形、条形、扁形等系列名优绿茶的机械化采摘及配套技术，并在浙江部分茶区进入规模应用，显示出良好的发展前景。应当说，浙江省名优绿茶机采技术的研究与推广，对全国也具有积极的示范推广意义和借鉴作用。

作为浙江省名优绿茶机械化采摘研究与示范推广的组织者和实践者，尹军峰研究员和陆德彪研究员将其研究团队十余年的试验成果与研究心得编著成《名优绿茶机械化采制技术与装备》一书，值得庆贺。该书内容丰富，资料翔实，技术实用，是一部较全面系统介绍名优绿茶机采机制技术的专著。可以相信，该书的出版对促进我国名优绿茶机采，乃至整个名优茶的机采技术进步，将起到积极推动作用。

国家茶叶产业技术体系首席科学家

中国农业科学院茶叶研究所所长、研究员

2017 年 11 月 1 日

序 二

中国是绿茶生产大国，其中名优绿茶产值占全国茶叶总产值 70% 以上。千百年来，名优绿茶一直依赖人工手采，系茶叶生产中用工最多的作业项目。近年来，我国城乡经济发展迅速，采茶用工日趋短缺，"采茶难"的问题突出，阻碍着名优绿茶产业的持续发展。2005 年以来，在浙江省政府及相关部门的支持下，中国农业科学院茶叶研究所与浙江省农业厅持之以恒 10 余年，组织全省近 20 个茶叶主产县的数百名科技人员，汲取大宗茶机采经验，开展了名优绿茶机械化采摘技术的攻关、集成和示范推广，取得了丰硕成果，为我国名优绿茶机采机制技术普遍应用提供了依据、方法和途径。

为总结名优绿茶机采机制技术研究成果，茶叶机采项目主持、组织和完成人——中国农业科学院茶叶研究所尹军峰研究员和浙江省农业厅陆德彪研究员主编了《名优绿茶机械化采制技术与装备》一书，这是国内首部系统阐述名优绿茶机采技术的著作。该书系统反映浙江省并充分汲取湖北、福建、江苏等省相关技术研究成果，内容全面，资料翔实，图文并茂，可为茶叶科技工作者和茶农所必备，指导广大茶农开展名优绿茶的机采机制，将对推动我国名优绿茶机械化采制技术发展作出重要贡献。

在该书出版之际，特表示祝贺，勉为序。

中国农业科学院茶叶研究所研究员

2017 年 10 月 20 日

前　言

　　机械化采摘，是破解目前突出的名优绿茶"采茶难"瓶颈的有效途径，是当前及今后一段时期我国绿茶产区生产技术推广的重中之重，是茶业现代化的必由之路。

　　2005 年以来，中国农业科学院茶叶研究所和浙江省农业厅先后组织实施了浙江省"三农五方"科技协作计划项目"卷曲型名优绿茶机械化采摘及配套技术研究与示范"、浙江省重大科技专项重点项目"名优绿茶机械化采摘加工技术及设备研制"、浙江省茶产业技术创新战略联盟专项"名优绿茶机械化采摘配套技术研究与示范"、浙江省十县五十万亩茶产业升级转化工程项目"优质绿茶机械化采摘及配套技术应用与示范"及浙江省种植业"五大"主推技术"茶叶机采机制标准化技术"示范推广，研究集成和熟化了系列技术，建立了一批示范点，制定了相关技术标准，使名优绿茶机采从无到有，并实现了规模推广应用，产生了良好的经济效益和社会效益。

　　为进一步推广普及和完善名优绿茶机械化采制技术，促进产业可持续健康发展，笔者在 10 余年技术研究与示范推广的基础上，总结编写了《名优绿茶机械化采制技术与装备》一书。本书涵盖了与名优绿茶机采相关的茶园建立、茶园管理、机械采摘、配套加工工艺、采制装备等生产加工技术。同时，书后附有采茶机械领域相关专利名录和名优绿茶机采机制研究记事等。本书内容系统全面，文字精练，图文并茂，通俗易懂，具有较强的理论性和实用性，适合从事茶叶生产、科研、教育工作者阅读参考。

　　在本书编写过程中，得到了众多单位和个人的大力支持，并参阅了一些专家、学者的有关文献资料，在此谨致谢意！

由于笔者知识所限，编写时间短促，错误在所难免，不当之处敬请广大读者批评指正。

编者

2017 年 11 月 10 日

目 录

第一章　名优绿茶机械化采摘概述

鲜叶采摘是茶叶生产中最为重要的环节。传统人工采茶，特别是名优绿茶采摘的人工消耗占整个茶园管理用工的60%以上，是茶叶生产中劳动力消耗最多、劳动强度最大、活化成本最高的作业项目。随着社会经济的发展和人们生活品质的提高，机械化采摘已成为国内外茶产业发展的必然趋势（图1-1）。

图1-1　机械采茶作业

第一节　国外机械化采茶概况

国外开展采茶机研究和使用的国家主要是日本和前苏联，其中以日本研究最为深入，且已完全普及并应用于生产。

一、日本

日本于1910年开始研究和应用采茶剪，但由于采茶剪的应用造成采茶质量和茶园产量的下降，所以曾引起较大争议。然而，受茶园面积增加、加工规模扩大以及工业生产迅速发展的影响，采茶劳动力不足的问题越来越严重，使得采茶剪又在一段时间内得到推广和使用。截至 1920 年，日本已经出现 6 种不同形式的采茶剪，全国约有 15 万把采茶剪作为采茶工具在生产中使用。从 20 世纪 50 年代中期开始，日本着手研究采茶机。1960 年，日本落合刃物工业株式会社率先创制出第一台机动采茶机，并应用于生产；1966 年，研制出双人采茶机，工效大增，采茶质量显著提高；1975 年后研制出了自走式和乘坐式的大型采茶机，在鹿儿岛等茶区获得使用；1990 年日本研制成功轨道

图 1-2　日本静冈县的机采茶园

图 1-3　日本产乘坐式采茶机在浙江金华采云间茶园中试用

型自走式采茶机，使采茶的精度达到毫米级。1967 年日本全国拥有动力采茶机 1.6 万台，1972 年已拥有 4.2 万台，1979 年达到 10 万台，平均每 0.6hm² 茶园就有 1 台采茶机，机采茶叶产量占总产量的 90% 以上（图 1-2）。迄今为止，日本的采茶机种类有单人手提式、双人抬式、自走式、乘坐式和轨道型自走式等多种，动力有机动和电动，刀片有平形和弧形，采茶原理有往复切割式、螺旋滚刀式和水平勾刀式。修剪机械有轻修剪机、深修剪机、重修剪机、台刈机和修边机。其中，双人采茶机和双人修剪机应用量最多，约占机器总数量的 60%。但近几年，自走式、乘坐式和轨道型自走式采茶机的使用量逐年增多（图 1-3）。

二、前苏联

前苏联于 1930 年设计出往复式切割采茶机，之后 20 年对多种采摘机构进行了深入探索，但基本上都属于切割式机型。1949 年开始对折断式采摘原理进行研究，1953 年采用橡皮手指折断茶芽原理工作的折断式采茶机问世，并进行试验应用，1965 年折断原理和切割原理相结合的自走式采茶机开始应用在生产上。同时研制了以切割原理工作的中小型采茶机，并得到了推广。1985 年机采茶叶产量达到 17612 t，占茶叶总产量的 28%，其中大型自走式采茶机采收量占机采茶叶总量的 32%，单、双人采茶机采收量占 68%。

第二节　我国出口大宗茶机械化采摘现状

早在 20 世纪 50 年代，我国就开始了采茶机的研制，并进行大宗茶鲜叶采摘的试验、示范和推广。在农业部和浙江省农业厅等的组织下，20 世纪 80—90 年代，浙江等省市区的大宗茶机械化采摘取得相当大的进展，其大量试验与应用结果，可为名优绿茶采摘机械化的示范和推广提供借鉴。

一、出口大宗茶机械化采摘发展历程

我国大宗茶的机械化采摘研究始于 20 世纪 50 年代，并从 1955 年开始研究采茶机，与日本和前苏联开始采茶机研究的时间几乎相同。1958 年在群众性技术革新运动中短时间内就出现了多种形式的采茶机，仅采摘方式就有剪切式、折断式、滚折式、刮折式、卷折式、夹采式、转轮式、打击式、阶梯式、间隙式等。1959 年，采茶机的研究正式列入国家重点研究项目，在浙江杭州召开了全国采茶机现场评比会，当时有浙江、安徽、福建、湖北、江苏

等省的 40 多种采茶机参加评比。1960 年我国已经有了以切割式、折断式、拉断式 3 种采摘原理为主的小型手动、电动、机动和中型畜力、机动自走式，以及拖拉机悬挂的大型乘坐式采茶机。1965 年，由中国农业科学院茶叶研究所研制的电动采茶机组项目通过了国家一机部鉴定。1973 年国家安排 25 万元外汇人民币购进日本单人采茶机 3 台、修剪机 15 台，在 12 个省的茶区进行试用研究。1975 年，贵州省购进日本采茶机、修剪机 250 台，分配到省内多个茶场使用。同年 8 月，在江苏省无锡市召开了全国采茶机现场经验交流会，有 15 个产茶省、市、区近百名代表出席，会上有 9 台国产采茶机和 4 台日本采茶机参加演示和交流，全部为切割式原理的采茶机。这表明，经过多年的探索之后，切割式已被确认为最简单有效的采摘方式。

1978 年，我国成功举办了"北京十二国农业机械展览会"。为了进行技术消化和吸收，会后我国留购了日本参展的大部分采茶机和修剪机样机，包括落合公司等制造的单人采茶机、双人采茶机、单人修剪机、双人修剪机和内田公司制造的双人采茶机。并由当时的国务院农业机械化办公室委托中国农业科学院茶叶研究所等单位进行机采试验研究。试验研究表明，日本产采茶机及配套使用的茶树修剪机制造工艺水平高，机械质量良好，外形美观，机型配套。其中往复切割式的单人和双人采茶机及配套使用的单人和双人修剪机作业性能良好，尤其是双人采茶机和修剪机性能更为优越，只要按照我国茶园的实际状况，在机器总体尺寸和采摘幅宽等方面进行修改设计，就可引入我国茶区使用。1979 年，在贵州都匀又召开了全国采茶机对比试验总结会，浙江、湖南、安徽、贵州、云南、上海、江西等省市研制的 14 种机动、电动、手动、脚动采茶机和日本的 3 种采茶机参加了试验。通过对采茶机的多年研究发现，我国采茶机与日本采茶机的差距主要在小汽油机质量上。于是，1980 年我国开始进口日本的小汽油机作动力配套，在杭州采茶机械厂等进行了采茶机和修剪机的定点生产，生产销售达千台以上。1988 年，浙江省农业厅联合全省重点茶场，从日本落合刃物工业株式会社购置了 200 台双人抬式采茶机，并在生产上进行较大规模的机械化采茶技术试验研究。1989 年，宁波电机厂引进日本落合公司双人弧形采茶机成套零部件进行组装生产，历经 3 年试验，实现了零部件国产化，1992 年生产出双人弧形修剪机。与此同时，无锡扬名采茶机械厂和南昌飞机制造公司也在对日本机型研究仿制的基础上，生产出单人手提式修剪机、弧形和平形双人采茶机和修剪机、轮式重修剪机等。至 20 世纪 80 年代末，我国有 6 家采茶机械厂，国内采茶机和修剪机的生产量已超过 5000 台。1990 年，农业部借鉴浙江机械化采茶的成功经验，成立了全国机械化采茶协作组，对机采实行协作攻关和试验示范推广，机械化采茶在全国茶区推广速度加快。到 1992 年年底，茶叶机采面积突破 0.67 万

hm²，并研究总结出一套比较科学完整的机械化采茶配套技术，但均因汽油机和刀片质量等的影响，国产采茶机械的生产与推广未能坚持下去。

20世纪90年代中期，浙江川崎茶业机械有限公司和长沙落合茶叶园林机械有限公司分别开始引进日本川崎、落合公司的采茶机和修剪机散件进行生产，成为国内两家中外合资的采茶机械厂。之后，浙江川崎茶业机械有限公司和杭州落合机械制造有限公司两家承担用日本散件进行采茶机和修剪机生产的企业均落户于杭州，成为我国采茶机和茶树修剪机的两家主要生产和供应企业。

至2014年年底，全国茶区采茶机拥有量为10.19万台，茶树修剪机36.22万台。2016年，浙江省有采茶机11009台、修剪机45159台（表1-1），机采面积超过4万hm²，茶树机械修剪已基本普及，出口大宗茶采摘基本实现了机械化。

表1-1　浙江省茶叶采摘机械化情况（2010—2016年）

年份	采茶机（台）	修剪机（台）
2010	7283	13250
2011	7312	18799
2012	9218	23795
2013	9587	32518
2014	10321	37558
2015	10886	44113
2016	11009	45159

二、出口大宗茶机械化采摘应用效果

我国出口大宗茶机械化采摘近30年的实践表明，机械化采摘优点突出，具有明显的经济效益和社会效益。

(一) 经济效益显著

大宗茶机械化采茶效果好，经济效益显著，具体体现在以下三个方面。

1. 提高功效，增收节支

采茶机适用于大宗红茶、绿茶、黑茶等主要茶类的采摘，与手采、刀割比较，能显著提高功效。目前生产中所推广使用的双人采茶机，在茶园条件较好的情况下，每天可采摘鲜叶2500kg以上，相当于人工采茶的20~30倍；单人采茶机每天可采鲜叶800kg以上，相当于人工的10~15倍，显著节约了人工成本，极大地提高了生产效率。

机械化采茶对降低采茶成本的效果非常明显，特别是随着经济发展，劳动力涨价，其节本增效作用更加显著。1990—1993 年浙江省大面积试验表明，机采成本仅为手采成本的 43.5%；10 年后，宁波市的机采成本仅为手采成本的 28.2%。在机采总成本中，机器折旧费占 50%，人员工资占 40%，油料费占 10%。近些年来，由于人员工资大幅上升，三者比例已变为 3∶6∶1。除节约直接成本外，如果计入招聘采茶临时工所需支付的旅差费、误工补助费、后勤管理费等间接采茶成本，机械采茶节约成本的效果更加显著。可以说，目前在东部发达地区，出口大宗茶如果不实行机采，将无采茶工可招，即使有采茶工，也会因无利可图而使茶园失采荒芜。机采已成为稳定出口大宗茶生产的重要技术保障。

2. 适时采摘，保证品质

目前国内外使用的采茶机，均采用切割式原理，虽有芽叶损伤多、不整齐以及鲜叶净度差等不足之处，但能够做到适时采摘，这不仅保证了鲜叶的品质，还能控制所采鲜叶的等级，从而提高鲜叶品质和经济效益。

大宗茶采用机械化采摘模式，只要能够做到科学化栽培、机械性能稳定和机采操作技术熟练相结合，就可提高鲜叶质量。浙江省的试验统计资料显示，机采芽叶完整率为 65%，手采为 50%；机采单片叶占 11%，手采占 20%；机采老梗老叶占 8%，手采占 9%；机采鲜叶的新鲜度明显比手采高。机采鲜叶加工的出口成品茶可比现行手采鲜叶加工的成品茶品质提高 1 个等级。

3. 减少漏采，提高单产

科学试验证明，机采可比手采增产 8.3% 左右。当前，影响茶园产量的一个重要因素是漏采，也即茶树萌发的新梢，因劳力缺乏等原因，该采的没有采下，使鲜叶老在树上。而机采能有效降低漏采率，增加芽叶采收量，从而提高茶园鲜叶产量。研究结果表明，机采茶园新梢生长位置上移，趋向表面化，机器采摘使树冠面上的新梢几乎全部采下，漏采率仅为 3.5% 左右；同时，机采茶园新梢密度增长较快，如修剪得当，肥培水平跟上，可增加单位面积芽叶的采收量。当然，茶园长期机采，会使茶树蓬面叶层变薄，鸡爪枝增多，这就要依靠综合的机采栽培措施来克服。要提高茶园经济效益，除了增产之外，还需有优质的鲜叶质量，这就需要通过正确选用和使用采茶机械及配套合理的茶园管理措施共同来保证。

（二）社会效益明显

机械化采茶的社会效益主要体现在解放出大批劳动力、降低劳动强度、提高劳动生产率等几个方面，为实现新农村建设作出了积极贡献。

1990年由浙江省茶叶集团股份有限公司和日本川崎机工株式会社等企业共同出资创建了我国茶业机械行业中第一家合资企业——浙江川崎茶业机械有限公司。后来日本落合机械株式会社又在杭州独资筹建了杭州落合机械有限公司。这两家公司主要生产采茶机械、茶树修剪机械和茶园管理机械，规格齐全，并在全国各茶区设有数百个服务网点，为实现我国茶园管理、采摘机械化作出了不懈努力，而且带动了我国茶叶采摘和茶园管理机械行业的发展。目前国内生产的手持式微型采茶机、单人采茶机和茶树修剪机，以及少量双人采茶机和茶园耕作机械已经在生产中应用，取得了良好的社会效益。

当然，由于采茶机械化的推行，茶园规划和种植也更加规范，绿化了环境，美化了茶区。有的茶区还与乡村旅游相结合，推动了广大茶区的新农村建设。

第三节　名优绿茶机械化采摘的必然性

从某种意义上说，当前我国绿茶产业的发展主要依赖于名优茶。近些年来，随着采茶劳力的日趋紧缺，采茶已成为影响名优绿茶可持续发展的难点问题。实施机械化采摘是名优绿茶产业持续发展必然的选择。

一、名优绿茶已成为我国绿茶产区的主导产品

以浙江茶区为例，20世纪80年代以前，浙江的茶叶产品以珠茶、眉茶、花茶等出口大宗茶占绝对优势。1981年浙江省名优绿茶与出口大宗茶的产量比重为2∶98，名优绿茶在整个茶业经济中居无足轻重的地位，形成了结构比较单一、市场适应性差、抗风险能力弱的茶类结构。1984年我国茶叶产销体制改革后，浙江以市场为导向，以效益为中心，不失时机地提出了"数量少一点，质量好一点，效益高一点"的思路，狠抓名优绿茶开发。在全省茶叶生产规模基本稳定的情况下，茶农的茶叶收入却从1983年的3.0亿元增加到2016年的152.6亿元，名优绿茶以约占47%的产量实现了95%左右的产值，成功地促进了全省茶业经济增长方式从量的扩张向质的提高转变（图1-4）。一个茶类结构基本符合市场需求、资源优势得到合理利用的茶叶生产新格局基本形成，名优绿茶在浙江茶产业中的主导地位已经确立。事实证明，在20世纪80—90年代，整个茶叶行业不景气和近年来竞争异常激烈的情况下，浙江茶业能够连年增值，茶农能够持续增收，靠的就是名优绿茶的发展。

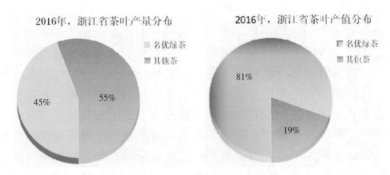

图 1-4　2016 年浙江省名优绿茶产量及产值比重

二、名优绿茶传统手工采摘已难以持续

随着农村人口向城镇转移和我国老龄化时代的到来，"采摘难"问题不但在东部茶区出现，就是四川、贵州等西部茶区，也出现采茶工紧缺的情况，特别是名优绿茶采摘劳力缺乏更加突出（图 1-5）。

图 1-5　名优绿茶的传统手工采摘

（一）传统名优绿茶生产严重依赖于手工采摘

我国名优绿茶品质优异，风格各异，但都有严格的外观特征，对鲜叶质量的要求极高，采摘细嫩、芽叶均匀一致是名优绿茶鲜叶的基本要求。如浙

江的绿剑茶、雪水云绿、开化龙顶等以采摘单芽为原料，浙江的龙井茶、江苏的碧螺春、安徽的黄山毛峰、南京的雨花茶、湖南的安化松针等以采摘细嫩芽叶为对象。鲜叶采摘质量的高低是影响名优绿茶产品质量和经济效益最重要的因素之一，因此一直以来名优绿茶都采用全手工采摘。

鲜叶手工采摘是一种古老而简单的传统方法，需有很强的感官判断的敏感性、灵活性和选择性，能对各种茶类标准芽叶的大小、老嫩和采留比例作出准确的判断和掌握。正确的手工采摘，既能保证鲜叶质量，又可实现采养兼顾的目的，但存在劳动强度大、采摘功效低、活化成本高等问题。据调查，采茶用工（手工采摘）占全年茶园管理用工的60%以上，占茶园生产管理费用的45%左右。

回顾和分析改革开放30多年来，我国名优绿茶之所以能保持持续、快速、稳步的发展态势，除了得益于生产指导思想实现了从数量产值型向质量效益型转变以及生产方式实现了从封闭型向开放型转变外，还有一个不可忽视的重要因素，即得益于改革开放政策使农村"释放"了大量的低价"剩余"劳动力。充裕的劳动力和充分体现优质优价的产品市场，为名优绿茶创造了难得的"发展空间"。

（二）茶区采摘劳动力缺口日益增大

随着人们生活水平的提高、农村经济发展和产业结构的调整，农村劳动力大量向城镇第二、第三产业转移，从事纯农业生产的劳动力日趋紧缺。由于茶叶采摘的季节性很强，采摘作业时间短，尽管采茶的日工资并不一定低，但一个茶季的采工收入总量并不多，加上作业环境差、劳动强度大，因此采茶对外出打工者无多大吸引力，造成茶区普遍出现采茶劳力紧缺和茶叶采摘质量不能保证的情况，且随着时间的推移，采茶难问题将更加突出。

（三）企业效益受到显著影响

由于采工短缺，寻找采茶工成了大部分茶叶生产企业春茶前的首要任务。企业为寻找并留住采茶工，纷纷提高采摘工资和采茶工待遇，包行包吃包住，采摘工资由前几年的每天100元左右提高到150元左右。即便如此，相当一部分茶场还是请不到足够的采茶工，在春茶生产洪峰来临时，大批茶树上的茶叶不能及时采摘，既影响了名优绿茶生产，又浪费了宝贵的鲜叶资源，企业经济效益降低。

（四）产业发展受采摘制约日益明显

从近年来多次全国性茶叶产业会议信息看，"名优绿茶采摘难"已成为安徽、江西、浙江、湖北、贵州等我国主要产茶省市的首要生产难题，在一定程度上已对名优绿茶的可持续发展提出了挑战，并将随着社会经济的进一步发展，及大量新茶园的陆续投产而日益加剧。采摘难问题已成为影响名优绿茶生产的关键制约因素和无法回避的现实问题，生产企业对革新名优绿茶鲜叶采摘方式的需求极为迫切。

三、机械化采摘是中低档名优绿茶的发展方向

从世界茶产业发展趋势和国内大宗茶机采的成功实践看，机械化采摘是名优绿茶产业可持续发展的客观要求，更是当前推进中低档名优绿茶产业提档升级、节本增效和规模生产的有效途径。

(一) 符合茶叶生产发展方向

茶叶生产由劳动密集型向技术密集型过渡、手采向机采过渡是世界茶业发展的主流。从世界主要产茶国和地区来看，目前日本、阿根廷和我国台湾已基本实现机采，印度、斯里兰卡、东非等国也在积极推行。国内通过多年的发展，出口大宗茶的机械化采摘已取得了明显成效。随着经济社会的发展，传统手工作业的名优绿茶向机械化、规模化、清洁化生产方向发展已成为必然。要保持名优绿茶的可持续发展，推行机采已是必然选择。

(二) 能有效解决劳动力不足和资源浪费的问题

出口大宗茶的机械化采摘应用结果显示，机采可以显著提高采茶效率，大大降低采茶成本和劳动强度，有效解决采工不足的问题。同时，机械采摘可有效安排采制劳动与时间，充分把握最佳采摘期，保证鲜叶新鲜度，增加单位面积产量，并有利于病虫害防治和茶园管理，有效减少由于采摘不及时而造成的损失。

(三) 可推动名优绿茶技术创新和提升产业化水平

名优绿茶机械化采摘及其配套加工技术的研究与推广，除了能显著降低采摘成本，减少资源浪费外，还将推动企业改进加工工艺、开发新产品、扩大生产规模，有利于提高茶叶产品的市场竞争力。

第四节　名优绿茶机械化采摘的实现路径

要有效推行名优绿茶的机械化采摘，必须调整对名优绿茶的品质定位和传统认识，必须修改现行鲜叶采摘和产品质量评审标准，必须系统研究和推广配套的栽培、加工技术。

一、农机农艺配套与融合

目前选择性智能采茶机暂时无法实现突破，要实现机械化采摘与传统加工技术体系的有机衔接，只有通过机艺协作和系统集成的技术路径，农机农艺结合、茶机工艺结合，完善和改进原有技术，创新配套技术，集成构建加工新模式才能实现。

(一) 选用无性系良种茶园

无性系茶树良种具有品质优良、发芽一致、芽叶整齐等优点，适宜机械化采摘 (图 1-6)。因此，名优绿茶机采要根据无性系良种生态适应性和茶类适制性的要求，选用适宜的无性系良种。同时，要注意早、中、晚生品种的合理搭配，适当延长名优绿茶生产的周期，利于机采作业的安排，提高茶园的整体经济效益。

图 1-6 长势良好的机采无性系茶园

(二) 培养标准化机采树冠

机械采茶对茶园有特定的要求，机采的效率、机采鲜叶的质量，乃至能否进行机采均与茶园地形、种植方式、树冠形状等茶园固有条件密切相关。机械化采茶要求茶树的采摘面平整划一，树冠有特定的、规格化的形状，新梢生长整齐、旺盛。因此，对树冠要进行精细修剪，培养高标准的树冠。目前，采茶机分弧形与平形两种，所以也只有弧形与平形两种树冠形状才适合机采（图 1-7）。树体改造包括增强茶树长势和塑造树冠两个方面。对树龄较大或长势较差的茶树，要通过重修剪等方法更新树冠、增强树势后才能改为机采。

图 1-7　平形树冠机采茶园（左）和弧形树冠机采茶园（右）

（三）优选采茶机械，提高使用技术

目前，在出口大宗茶生产中应用的采茶机械多为日本产品，以落合、川崎为代表品牌，这些采茶机械都是根据出口大宗茶要求设计的。与出口大宗茶相比，名优绿茶加工对鲜叶原料有许多特殊的较高要求，如鲜叶较细嫩、较匀整等。因此，简单地将现有采茶机及使用技术套用到名优绿茶的采摘上，是不合适的。从长远来说，要改进现有采茶机械性能，研制适合名优绿茶机采的新机型。但从当前来看，重点应是根据机采目标产品对鲜叶的不同要求，研究提出最佳机采适期、机采方式和机型，并加强机手培训，提高使用技术。

图 1-8　茶叶机采示范点

（四）改进加工工艺，加强在制品处理

根据机采鲜叶的特点和适制名优绿茶产品需要，改进加工工艺，优化杀青、干燥等技术参数，加强鲜叶、在制品处理和分筛、风选、拣梗、色选等毛茶处理工序（图 1-8，图 1-9），增添相应设备，使加工工艺技术既能满足机采鲜叶的加工要求，又能符合名优绿茶的品质特征。

二、名优绿茶品质评价体系创新

（一）调整对名优绿茶的品质定位和传统认识

与 20 世纪 90 年代中期曾为"名优绿茶能否机制"展开激烈争论一样，"名优绿茶能否机采"也必将有一番争论。名优绿茶机采既有技术问题，更有认识问题。这就要求我们对名优绿茶要有一个重新定位和再认识过程。

什么是名优绿茶？人们对此众说纷纭，没有一个明确和统一的定义和标准。但有一点可以肯定，名优绿茶是由特殊的自然环境条件、茶树品种、采制工艺和历史文化等综合因素影响所形成的品质优异、风格独特，色、香、味、形俱佳，并在市场上享有盛誉的茶中珍品。

但是，名优绿茶不等于越细嫩越好。对于名优绿茶原料的选择标准，对各种茶有不同的要求。某些名优绿茶要求原料细嫩，并不意味着所有名优绿茶均要采用细嫩原料制作，也不意味着细嫩茶就是名优绿茶。

图 1-9　机采鲜叶分级观摩与分级后鲜叶

图 1-10　机采茶样

　　笔者认为，对名优绿茶品质的重新定位和再认识，应重视和把握以下几个转变：一是从片面注重芽叶形态的细嫩，转到"淡化"细嫩，侧重芽叶的天然内质；二是从片面注重产品外形，转到注重茶叶内质和产品风味特色上来；三是从片面注重产品个性和小众化，转到注重产品标准化和大众化上来（图 1-10）。

图 1-11　浙江省开展机采机制优质茶评鉴

（二）修改完善采摘和评审标准

据研究分析，茶树鲜叶中的有效成分不是芽叶越细嫩越丰富（如单芽），而是以一芽一叶到一芽二叶初展为优。基于上述对名优绿茶"品质"定位的几点认识，如把产量占多数的名优绿茶鲜叶标准确定为一芽二三叶展，既为机采技术的开发和推广留下了空间，又解决了占名优绿茶产量绝大多数的"细嫩芽叶"的采摘问题，而这部分鲜叶发育比较成熟，内含有效成分丰富，具有加工高品质茶叶的先天条件（图1-11）。

同样，对机采机制名优绿茶的评审标准也应按照"轻外形、重内质"的要求作相应修整。在鲜叶嫩度相同的条件下，以品质好的为优；在品质相同的条件下，应以鲜叶嫩度低的为优。

（一芽二三叶与同等嫩度对夹叶）

图1-12　适宜机采的名优绿茶的鲜叶采摘标准

参考文献

陆德彪，潘建义，马军辉，等. 2015. 优质绿茶机采配套技术研究与集成——以丽水香茶为例[J]. 中国茶叶加工，（2）：36-40.

毛祖法，陆德彪. 2006. 论名优茶的机械化采摘[J]. 中国茶叶，28（3）：4-5.

农业部农业司，全国机械化采茶协作组. 1993. 机械化采茶技术 [M]. 上海：上海科学技术出版社，12.

第二章　名优绿茶机采茶园的建立

机械化采茶对茶园和茶树树冠都有特定的要求。生产上应按机采茶园要求，对茶园的地形、道路、种植方式等进行科学规划与设计，选用茶树无性系良种，科学培育茶树树冠。

第一节　机采茶园规划与设计

机械化采茶是一项机械与茶园条件相结合的全新系统工程。生产实践表明，机采效率的高低、机采鲜叶质量的好坏乃至能否进行机采，均与茶园地形、道路、林带设计和茶树种植方式、树冠形状等关系密切。因此为适应机械化操作，机采茶园的建立首先应做好茶园规划与设计，其中包括地形选择与规划、园地设计、茶树品种选择等。

一、地形选择与规划

机采茶园除要遵循手采茶园择地、规划的一般原则外，还需要着重考虑机械化作业的基本要求。

对于新建机采茶园，首先要考虑地面坡度。平地和15°以下的缓坡地最适宜于机采（图2-1），>15°或<25°的坡地也适宜于机采，但必须进行土地平整和修筑梯地（图2-2）。其次，要选择土地集中成片，地形不过于复杂的地块建立机采茶园，如地形复杂，必须适当平整。机采是一种规模作业技术，集中成片的地块可以较好地发挥规模效益。地形过于复杂的地带，建园时不仅耗工量大，而且难以达到机采茶园机械作业的要求，所以不适合建立机采茶园。

机采茶园在因地制宜、整体规划的原则下，还须特别注意以下几点：一是根据作业规模进行作业面积规划。依据采茶机及作业中的劳动组合所能承担的采摘能力与茶园管理作业的负荷量，来确定适当的作业区面积。据试验，1个双人采茶机机组，作业区的面积一般以平地或缓坡茶园5hm²，坡度较大的茶园4hm²较适宜。二是道路规划。机械采茶效率高，鲜叶运送任务大，要求农用汽车或小型拖拉机能够抵达每个区块,而地头通道要能走胶轮车,需对道路进行科学设计。三是林带规划。为便于机械作业,机采茶行中不宜种植遮阴树,而地头道宜建立道旁林带。道旁林带宜选用适宜的阔叶树种,以达到改善茶园生态环境、利于机采待运鲜叶的遮阴贮放,以及为机组轮休人员提供休息场所的目的。

现有手采茶园若需改造成机采茶园,也要根据上述机采茶园的择地标准进行改造。对地形不适合机采但能够进行平整改造的茶园,需在改造好后再进行机采,如根本不适合平整改造的园区,不宜强求改造为机采茶园。

二、园地规划与设计

机械化采摘茶园,应在一般茶园园地设计的基础上,根据机械化采茶的

图 2-1 平地机采茶园

图 2-2 梯地机采茶园

需要，对茶园道路和茶行布置等进行科学规划和设计。

(一) 道路设计

机采茶园的道路包括主道、支道和地头道。

主道是茶场交通的干线，一般茶树种植基地之间，以及与茶叶加工厂之间以主道相连，有效路面宽不小于6m，路旁植树（图2-3），并修筑排水沟。

支道是与茶场主道相连接的园内交通道路。机采茶园的支道要求直通每个作业区，以便机器行走与鲜叶的运送，有效路面宽3m左右，路旁植树并修筑排水沟（图2-4）。

图2-3 茶园主道与林带

图2-4 茶园支道

地头道是设置在茶园地头直接为机采和机耕作业服务的道路。地头道与支道或主道相通，有效路面宽 2m 左右，地头道一旁植树并修筑排水沟。

（二）行距设计

我国茶园现行的行距，中小叶种茶区多为 1.5m，大叶种茶区多为 1.7~2.0m。机采茶园的行距应根据采茶机的切割幅度和有利于茶树成园封行两个因素来制定。适合现有采茶机切割幅度的茶园行距为 1.5~1.8m。从有利于提高茶园覆盖度，获得茶园高产的角度考虑，我国机采茶园的行距，无论中小叶种还是大叶种地区，一般以 1.5m 左右为宜。

（三）茶行长度设计

机采茶园的茶行长度应根据两个因素来确定，一是采茶机集叶袋的容量，双人采茶机集叶袋容量约为 25kg（鲜叶）；二是采摘高峰期单位面积茶园 1 次采摘的鲜叶量，产量较高的茶园全年中最高一次的鲜叶采摘量为 7500~9000kg/hm²。

茶行长度的计算公式如下：

$$茶行长度（m）= \frac{采茶机集叶袋容量（kg）}{单位长度茶行一次采摘量（kg/m）\times 0.6}$$

$$单位长度茶行一次采摘量（kg/m）= \frac{最高一次亩鲜叶采摘量（kg）\times 行距（m）}{667（m^2）}$$

将上述参数代入公式运算，机采茶园茶行的理想长度为 30~40m。

（四）茶行走向设计

机采茶园茶行走向的设计需考虑方便采茶机卸叶，便于茶园管理作业，减少水土流失等因素。无论何种地形的茶园，其茶行走向均应与地头道垂直或呈一定角度相接。缓坡地茶园的茶行走向应与等高线基本平行，梯地茶园茶行的走向应与梯壁走向一致，不能有封闭行。

（五）梯面宽的设计

当机采茶园地面坡度大于 15°时，应修筑梯地。修筑梯地的茶园，其梯面宽度设计公式如下：

梯面宽（m）=茶树种植行数（行）×行距（m/行）+ 0.6m

地面坡度在 20°以下时可修筑双行梯地，地面坡度在 20°~25°时宜修筑单行梯地，地面坡度大于 25°的不宜开垦新建机采茶园。

(六) 种植方式

机采茶园必须采用条栽式种植，每行 1~3 条。用无性系良种茶苗移栽的，以单条植或双条植较为适宜。近些年有关试验表明，在大叶种地区采用多条密植方式是增强云南大叶种机采适应性的有效途径。通常中小叶种以每行 2 条为宜，大叶种以每行 3 条为宜 (图 2-5)。

图 2-5　条栽种植的机采幼龄茶园 (左) 和成龄茶园 (右)

三、茶树品种选择

相对于手工采摘，机械采摘对茶树枝叶的损伤大，且对芽叶的选择性差，因此为提高机采茶鲜叶的品质和产量，机采茶园种植的茶树品种一般要求耐采能力强，其芽叶性状要适宜于机械化采摘。因此，机采茶园茶树品种的选择十分重要。

(一) 适宜机采茶树品种的筛选指标

选用机采适宜茶树品种是建立机采茶园的一项重要工作，在新建机采茶园时一定要筛选好品种。不同的品种对机采适应性差别很大，可以从再生力和株型两个方面来考察品种的适应性。

1. 茶树再生力

茶树的再生力以往没有一个明确的概念，湖南省茶叶研究所在研究茶树品种对机采的适应性时提出了以耐剪性、耐采性反应作为茶树再生力指标的测定方法。其主要结果如下。

(1) 耐剪性。在修剪适期采用不同程度的修剪处理，当年秋梢停止生长后，测定新生枝的长度、粗度与生长量等，并以此作为耐剪性反应的指标 (表 2-1)。在树龄与管理水平一致的情况下，新生枝生长量大的表示耐剪性强。由表 2-1 中的数据可以看出，楮叶齐、福鼎大白茶两个品种的耐剪性明显强于湘波绿。

表 2-1　不同品种茶树新生枝的长度、粗度与生长量比较

| 品种 | 项目 | 修剪离地高度（cm） | | | | | 平均 | 相对福鼎大白茶（%） |
		10	20	30	40	50		
楮叶齐	长度（cm）	29.1	26.9	21.2	19.8	18.8	23.2	97.48
	粗度（mm）	2.71	2.91	2.56	2.37	2.44	2.60	113.54
	生长量(g/枝)	153.2	213.4	190.8	329.6	459.2	269.8	107.77
福鼎大白茶	长度（cm）	28.0	27.9	22.3	22.0	17.5	23.8	100.00
	粗度（mm）	2.26	2.58	2.18	2.24	2.18	2.29	100.00
	生长量(g/枝)	114.8	112.9	283.6	313.9	423.7	249.8	100.00
湘波绿	长度（cm）	11.2	11.3	10.4	10.4	6.3	9.9	45.60
	粗度（mm）	1.64	1.95	1.98	1.89	1.91	1.87	81.66
	生长量(g/枝)	39.4	73.7	97.7	101.4	326.0	127.6	52.08

（2）耐采性。在强采的情况下，茶树品种间的耐采性差异能够充分地反映出来。机采从每次采摘鲜叶量和同时被采摘新梢的比重来看，无疑属于强度采摘，所以机采后下轮新梢的生长情况，如萌发期、生长势等就可以作为衡量茶树品种耐采性的指标。在栽培试验中可以用采摘次数、采摘间隔期、产量等来表示新梢萌发期与生长势。这些间接指标不仅容易测定，而且在生产上具有实际意义。从调查数据来看，楮叶齐、福鼎大白茶与湘波绿 3 个品种的耐采性差异也是很大的，前两个品种明显优于湘波绿（表 2-2）。

表 2-2　不同品种茶树的采摘间隔期与产量比值比较

品种	全年采摘次数(次)	平均间隔期(d)	年最长间隔期(d)	产量比值(%)
楮叶齐	6.6	19.5	32.3	111
福鼎大白茶	6.2	20.6	33.4	100
湘波绿	3.8	29.2	61.4	60

2．茶树株型

茶树品种是否适宜于机采，在株型上需着重考虑各级分枝数量和叶片着生角度两个因素。

（1）各级分枝数量。图 2-6 是楮叶齐、福鼎大白茶和湘波绿 3 个品种的各级分枝数。由图中可以看出，3 个品种有着较大的差异。各级分枝和分枝级数较多的树体紧凑，能适应机采。但分枝数也不能太多，如太多则枝条的结节多，上部枝梢细弱，难以形成健壮的新梢。在不是多条密植情况下，分枝及分枝级数过少，则树体结构稀疏，势必影响新梢的密度。比较 3 个品种的

"生产枝"与新梢密度就可以看出这一点（表2-3）。湘波绿的分枝及分枝级数少，"生产枝"也少，所以新梢密度远小于楮叶齐与福鼎大白茶，这对产量的形成是很不利的。

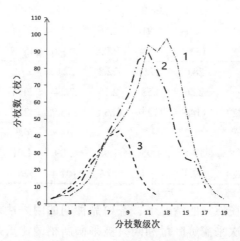

1-福鼎大白茶　2-楮叶齐　3-湘波绿

图2-6　不同品种茶树分枝数比较

表2-3　不同品种茶树"生产枝"与新梢密度比较

品种	"生产枝"密度		新梢密度	
	测定值(个/dm²)	相对福鼎大白茶/%	测定值(个/dm²)	相对福鼎大白茶(%)
楮叶齐	25.4	84.0	25.9	98.5
福鼎大白茶	30.3	100.0	26.4	100.0
湘波绿	18.0	59.6	16.0	60.7

（2）叶片着生角度。从栽培生理角度讲，茶树的单张叶片投影面积小，全株叶片紧密镶嵌，互不遮叠，这样才能形成受光态势最佳的叶片群体结构。单张叶片投影面积小，从株型上讲就是要求叶片着生角度小，而这与机采有一定的矛盾。叶片着生角度太小时，机采过程中容易夹采老叶，适宜机采的品种，其叶片着生角度宜稍大。

综上所述，适宜机采的茶树品种要求再生力强，也就是耐剪性和耐采性能好；生长整齐划一，持嫩性好；各级分枝和分枝数量多，叶片着生角度稍大。

（二）适宜机采的茶树品种

由于名优绿茶机采技术试验示范时间还不长，尚缺少对茶树品种再生力和株型的系统研究，因此可应用的结果也不多。根据推理，分析机采鲜叶的组成，可以比较和鉴别不同茶树品种在不同生长季节对机采的适应性和机采适期。如果在机采鲜叶组成中，符合加工要求的鲜叶原料比重越大，可以认为该茶树品种对机采的适应性越强。

　　中国农业科学院茶叶研究所、浙江省农业技术推广中心等单位在浙江省丽水、绍兴等地的研究表明，不同品种与生长季节对茶树机采适应性（效果）有较大影响。不同品种茶园机采试验结果显示，春茶期间，中茶 102、龙井 43 一芽二叶以上嫩度芽叶得率较高；薮北种表现也较好，得率在 60% 以上。夏茶期间，薮北种一芽二叶以上嫩度芽叶得率最高，其次是龙井 43、中茶 102。这说明薮北种对机采的适应性比较广，而中茶 102 与龙井 43 在春茶期间芽叶持嫩性较好的情况下采摘效果较好，而在夏茶期间可能由于持嫩性下降等原因使其得率下降。而秋茶由于生长季节比夏茶长，3 个品种的一芽二叶以上嫩度芽叶得率介于春茶和夏茶之间，效果也较为理想（表 2-4）。薮北种是日本茶园的当家品种，而日本的茶叶采摘基本上都采用机采。因此，可以认为龙井 43、中茶 102 也具有良好的机采适应性。

表 2-4　不同茶树品种不同季节的机采效果比较　　　　　　　　%

茶季	品种	单芽、一芽一二叶				一芽三叶	单片	碎末
		合计	单芽	一芽一叶	一芽二叶			
春茶	中茶 102	74.07	3.20	22.74	48.13	2.84	19.89	3.20
	薮北	65.55	0.84	18.07	46.64	10.92	15.55	7.98
	龙井 43	71.60	2.72	5.43	63.46	1.98	20.49	5.93
夏茶	中茶 102	59.15	3.01	9.02	47.12	22.56	14.04	4.26
	薮北	66.45	6.25	20.39	39.80	4.28	22.70	6.58
	龙井 43	59.45	3.27	8.82	47.36	21.91	15.87	2.77
秋茶	中茶 102	62.93	3.09	13.61	46.23	19.23	13.72	4.12
	薮北	64.19	3.50	25.45	35.24	8.90	21.49	5.42
	龙井 43	62.09	3.12	25.76	33.21	18.43	16.01	3.47

　　据浙江省农业技术推广中心、丽水市农作物站试验表明，虽然迎霜、嘉茗 1 号、龙井 43 等不同茶树品种的机采间隔期有较大差异，但都能基本满足生产需要。迎霜茶园各批次的采摘间隔期分别为：采摘期一为 15~22d，即在第一次机采后 15~22d 可进行第二次采摘（下同），采摘期二为 18~24d，采摘期三为 22~26d；嘉茗 1 号及高肥培管理的龙井 43 茶园的采摘间隔期较迎霜品种长 2~5d。

　　根据浙江省茶区的自然条件、茶类结构及产销发展趋势，结合茶树品种机采适应性要求，各地可以因地制宜地选用上述品种及其他适合机采的茶树品种。

现将适宜机采的部分茶树品种作一简介。

1. 迎霜

迎霜系杭州市农科院茶叶研究所从福云自然杂交后代中单株选育而成，属于小乔木型、中叶类无性系良种。1987年通过国家级品种审定（图2-7）。

该品种发芽早，春芽萌发期一般在3月上中旬，一芽三叶盛期在4月中旬；发芽密度中等，育芽能力强，生长期长，茸毛多，叶黄绿色，持嫩性强，但抗逆性稍弱，一芽三叶百芽重为45.0g，产量高，红、绿茶兼制，尤其适制名茶。所制绿茶品质特征为：香高鲜，味浓鲜；所制工夫红茶品质特征为：条紧乌润，香高味鲜浓，汤色红亮。

目前迎霜品种在浙江省各茶区已大面积种植，在全国主要名优绿茶产区也有一定的推广面积。在栽培管理上该品种需适当密植或压低定型修剪高度，宜植于向阳坡面，要及时防治病虫害，特别是螨类、芽枯病，需适当增施夏、秋肥。

图2-7 迎霜

2. 嘉茗1号

嘉茗1号俗称乌牛早，系浙江永嘉县农民从该县乌牛镇茶树群体种中单株选育而成，属于灌木型、中叶类无性系良种。属省级认定品种（图2-8）。

该品种发芽特早，春芽萌发期一般在2月下旬，一芽三叶盛期在3月下旬；发芽密度较大，芽叶肥壮，富含氨基酸，春茶鲜叶氨基酸含量约4.2%，茸毛中等，一芽三叶百芽重 40.5g，持嫩性较强，抗逆性较好，产量尚高，适制绿茶，尤其是扁形类名茶。所制扁形绿茶品质特征为：外形扁平挺直，色泽嫩绿，香气高鲜，味甘醇爽。

目前该品种在浙江省各茶区普遍有种植，适宜浙江省扁形类名茶产区作特早生搭配品种推广。该品种在栽培管理方面应加强苗期管理，增施有机肥，早施催芽肥，宜秋冬季修剪。

图 2-8　嘉茗 1 号

3. 龙井 43

龙井 43 系中国农业科学院茶叶研究所从龙井群体种中单株选育而成，属于灌木型、中叶类无性系良种。1987 年通过国家级品种审定（图 2-9）。

该品种发芽早，春芽萌发期一般在 3 月中下旬，一芽三叶盛期在 4 月中旬；发芽密度大，育芽力特强，芽叶短壮，茸毛少，叶绿色，抗寒性强；但抗旱性稍弱，持嫩性较差，一芽三叶百芽重 39.0g，产量高，适制绿茶，特别适制龙井等扁形茶类。所制扁形绿茶的品质特征为：外形挺秀，扁平光滑，色泽嫩绿，香郁持久，味甘醇爽。

目前该品种在浙江省各地均有大面积栽种，适宜龙井茶产区推广，全国主要绿茶产区特别是扁形名优绿茶产区有较大的推广。该品种宜种植于土层深厚，有机质丰富的土壤，秋冬季须增施有机肥，及时勤采；夏秋季宜铺草，并做好引水抗旱措施。

图2-9　龙井43

4. 中茶 102

中茶 102 由中国农业科学院茶叶研究所从龙井群体种中单株选育而成，通过国家品种审定（图 2-10）。

该品种属灌木型、中叶类早生种，一般在 3 月底 4 月初开采一芽一叶。树姿半开张，分枝密，叶片椭圆形，叶色绿，叶脉 7.05 对，叶尖渐尖；芽叶黄绿色，茸毛中等，一芽三叶百芽重 39g，育芽力强；春茶一芽二叶氨基酸含量 4.11%、茶多酚 19.5%、咖啡碱3.4%、水浸出物 40.83%。制绿茶品质优良，

图 2-10　中茶 102

与福鼎大白茶、迎霜品种相当，尤其适制扁形绿茶和蒸青茶，产量高，品比试验亩产比对照福鼎大白茶增产 111.7%，省级区试亩产比对照迎霜增产 21.68%，抗寒、旱、病虫害能力强，移栽成活率高，适应性强。

该品种适宜在浙江、江苏、安徽、湖南、湖北、江西、河南等茶区种植。

第二节　适宜机采的茶树树冠及特点

一、适宜机采的树冠形状

目前主要使用的采茶机刀片形状有弧形与平形两种，因此只有弧形与平形两种树冠形状才适合机采。

机械化采茶，要求茶树采摘面平整，树冠面应保持规格化形状，即与所使用的采茶机械刀片形状相一致，呈水平状或略呈弧形。茶树新梢生长整齐、旺盛。机采茶园冬季树冠应保持绿叶层10cm 以上，叶面积指数 3~4。

（一）弧形树冠

通过研究和实践，我国业界应用国内外有关技术资料，按国内现行中小叶种、条栽、行距 1.5m 的茶园种植规格，设计出了适合机采的弧形树冠模式（图 2-11）。采用该树冠的茶园，行间留20cm 操作间隙，采摘面积比（采摘面积/土地面积×100%）可达 100%。而在同等条件下，平形树冠的采摘面积比只有 87%。

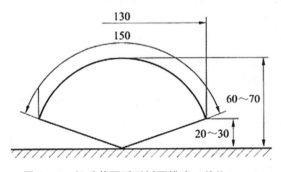

图 2-11　机采茶园弧形树冠模式（单位：cm）

（二）平形树冠

平形树冠也是常见的一种机采树冠形状，各地都有应用。相对于弧形树冠，平形树冠的茶园培育和机采作业具有较大的灵活性，尤其适合于立地条件较差的山地茶园、零星小规模茶园等。

在没有构筑等高梯地的情况下，当茶园坡度较大时，不论弧形树冠还是平形树冠，其树型均应随坡度而改变，以使上下方树冠边缘离地的高度基本一致，便于机械操作，提高安全性。这种变化了的树冠一般只适合单人采茶机采摘，用双人采茶机操作难度较大（图2-12）。

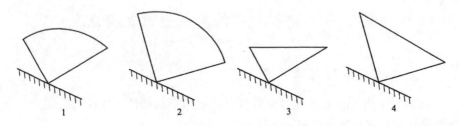

1-错误树型　2-正确树型　3-错误树型　4-正确树型

图2-12　未筑等高梯地的坡地机采茶园树型

二、弧形树冠与平形树冠生长特点比较

弧形与平形这两种适合机采的树冠形状，其茶树蓬面的生理和生长特点有所不同。

（一）茶树高度、幅度变化特点

实践表明，中小叶种机采茶园在及时采摘的条件下，每年树高可增加2~5cm。弧形与平形两种形状的树冠平均增高值基本一致。弧形树冠在整形以后各部位的新梢长势一致，其形状容易维持，每年春季修剪量较小。平形树冠整形以后，中央部位新梢稀而壮，长势较两侧的强，使之表现出向弧形演变的趋势，所以每年春季的修剪量较弧形树冠大。

两种形状树冠的树幅周年变化有较大的差别。弧形树冠每年可增宽5cm左右，平形树冠由于部分侧枝处于采摘面以下，得不到采摘，树幅的增宽较快，每年约可增宽24cm。对于未封行的茶树来说，平形树冠有利于茶树覆盖度的增加；对已封行的茶树来说，平形树冠无疑将增加行间的剪边量。

（二）叶层分布特点

对茶蓬中央和两侧3个部位叶层厚度和载叶量分布测定发现，弧形树冠各部位的叶层分布较为均匀，平形树冠叶层的分布呈两侧多、中央少的不均衡状态（表2-5）。叶层是茶树的营养源，在覆盖度很大的机采茶园，叶层分布均匀与否直接关系到茶树群体的光能利用状况。理想的机采茶树树冠应该是叶层均匀分布，使各部位叶片都具有最佳的受光态势，最大限度地利用空间，摄取光能。从测定结果可以看出，弧形树冠的叶层分布优于平形树冠。

表 2-5　两种形状树冠各部位的叶层分布

树冠形状	叶层厚度			载叶量		
	茶蓬中央(cm)	茶蓬两侧(cm)	两侧/中央	茶蓬中央(g/m²)	茶蓬两侧(g/m²)	两侧/中央
平形	13.4	19.0	1.42	683	1109	1.62
弧形	14.0	17.0	1.21	734	832	1.13

（三）新梢生长特点

树冠形状对新梢生长有着明显的影响。就新梢密度而言，弧形树冠大于平形树冠，且各部位分布较为均匀。平形树冠中央部位的新梢密度小而两侧部位大。适采期的实际测定表明，两种树冠混合芽叶的个体重都是两侧大于中央（表 2-6）。平形树冠中央部位的新梢密度小，个体应当较重，但由于受以下两个因素的制约反而变轻。一是平形树冠修剪时中央部位压低较多，修剪程度比两侧重，发芽期也相应推迟，而采摘是同期，受发芽和生长时间的制约，平形树冠中央部位的新梢没有得到充分生长，个体较轻；二是受营养制约，平形树冠中央部位叶层分布少，新梢生长因缺乏足够的营养源而受到制约。

表 2-6　两种形状树冠的新梢生长状况

树冠形状	新梢密度				混合芽叶质量			
	茶蓬中央(个/m²)	茶蓬两侧(个/m²)	平均(个/m²)	两侧/中央	茶蓬中央(g/个)	茶蓬两侧(g/个)	平均(g/个)	两侧/中央
平形	1520	1820	1670	1.2	0.19	0.23	0.210	1.21
弧形	2333	1909	2121	0.82	0.19	0.22	0.205	1.16

（四）产量差异

由于两种形状的树冠在叶层分布、新梢生长等方面均存在着明显的差别，所以产量上也有着显著差异。经试验表明，弧形树冠的茶树产量比平形树冠可高达 10% 以上。其原因：一是弧形树冠的单位采摘面产量较平形树冠高，其中，中央部位采摘面略高，3 个部位平均可高 10% 以上；二是在树幅相同的情况下，弧形采摘面比平形采摘面大。理论推算表明，行距 1.5m、树幅 1.3m 的机采茶园，弧形采摘面比平形采摘面大 13%。

第三节　机采茶园树冠培育

为适应非选择性采茶机械的需要，茶园应进行必要的修剪和培育，未进行良好修剪的茶园，不适宜机采。机采茶园树冠培育方法主要有幼龄机采茶园建设和手采茶园的改造等。若将现有手采茶园改造成为机采茶园，必须视树势状况进行系统的树冠培育，待树冠形成特定形状的采摘面后，方可实施机采。

一、机采茶园树冠培养基本方法

生产中一般是利用不同机采树冠形状的生长特点，进行机采树冠的优化培养。

（一）平形机采树冠培养

平形机采树冠培养相对较为简单，在茶树定型修剪及其他修剪作业时均应将树冠剪成平形。

（二）弧形的机采树冠培养

弧形机采树冠培养宜按"先平后弧"的树冠培养模式进行。由于平形树冠树幅增加快，对未封行之前的幼龄与更新茶树宜将树冠剪成平形，以提早成园。同样由于弧形树冠容易维持规格化形状，叶层与新梢分布均匀，对封行以后的成龄茶树，就可以修剪成弧形树冠，促进高产。因此，对于弧形的机采树冠而言，宜采用"先平后弧"的树冠培养模式(图2-13)。运用这种模式培养弧形树冠，封行快、产量高，可提前1年左右进入高产期。

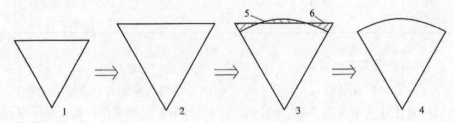

1-封行前为平形　2-扩大树幅封行　3-剪养结合向弧形过渡　4-弧形　5、6-"先平后弧"

图2-13　弧形机采树冠培养程式

二、幼龄茶园的机采树冠培育技术

幼龄茶园在茶苗定植后，可采用常规方法进行系统的定型修剪（表2-7），但第三次定型修剪必须用机器进行，高度控制在45~50cm；以后按常规方法机剪机采，每年比前一年提高5cm左右，坡地茶园宜将采摘面修剪成与山坡面平行，以利于机械化采摘。

表 2-7 幼龄茶树定型修剪技术

修剪次数	修剪的标准与要求	方　　法
第一次	茶苗2足龄，离地表5cm处的茎粗≥0.3cm，苗高≥30cm，有1~2个分枝，茶园中达标茶苗占80%以上时进行。	在离地面12~15cm处剪去主枝（指灌木型茶树），侧枝不剪，剪时注意选留1~2个较强分枝。修剪时间以春茶前为宜，剪后当年留养新梢。
第二次	第一次定型剪1年后，树高40cm以上时进行（如茶树生长势强，树高达到55~60cm的也可提前进行）。	在离地25~30cm处或在上次剪口上提高10~15cm处剪平。修剪时间宜选择在春茶前，长势旺盛的也可在春茶适当打顶采后进行。
第三次	第二次定型修剪后1年左右进行，视茶苗长势而定，如果茶苗生长旺盛则也可提前。	在第二次剪口上再提高10~15cm，或离地45~50cm，用水平剪剪平。一般在春茶前进行，对于生长旺盛的名优茶采摘茶园，可结合春茶前期早采、嫩采后进行，夏、秋茶注意打顶养蓬。

常规茶园改造后可参照幼龄茶园的树冠培养方法。在改造初期，用平形修剪机定型，用平形采茶机代替手工打顶采。弧形树冠茶园在改造后期，用弧形修剪机修剪，用弧形采茶机采摘。

三、手采改机采茶园的树冠培育技术

目前我国名优绿茶产区多为手采茶园，机采茶园如果全部从幼龄茶园开始建设，则建设时间长、费用高、浪费大。对适合改建为机采的手采茶园进行改造，是发展机采茶园的一条有效途径。

（一）适合改建的手采茶园基本要求

适合改建为机采的手采茶园，须满足一定的要求：一是茶园基本连片成规模；二是茶园地形为平地、坡度小于25°的坡地或者梯面宽大于2m的等高梯地；三是要求茶树条栽式种植，生长健壮，蓬面平整，最好是无性系良种。

我国现有的符合上述条件的茶园，约占茶园总面积的二分之一，这类茶园通过一定的树体改造和园地改造，即可进行机采。

（二）树体改造技术

手采茶园的树体改造主要是通过以组合修剪为核心的农艺措施，增强茶树长势和塑造树冠，以适应机械化采摘的需要。一般应根据手采茶园的茶树生长状况，选用不同的修剪改造方式与措施。

1. 树冠良好的青壮龄茶园

对于生长健壮、未形成鸡爪枝、冠面比较平整、树高在 80cm 以下的青壮龄手采茶园，用与机采配套的修剪机轻修剪后，再长出来的新梢即可进行机采。

2. 上层树冠衰败的壮龄茶园

树冠高低不平，已形成鸡爪枝层，但中、下部各级分枝健壮、树高在 90cm 以下的手采茶园，需要深修剪机剪去树冠 10~20cm，适当留养和轻修剪后，方可进行机采。

3. 树龄长、树势衰老茶园

（1）树势衰老，骨干枝健壮的茶园。树高在 90cm 以上或树势衰老，但骨干枝健壮的手采茶园，需进行离地 30~40cm 的重修剪，对树冠进行重新培育。一般通过一次定型修剪和多次轻修剪，同时改土增肥，培养好树冠后，才能进行机采。

（2）树龄较长，树势衰败的茶园。这类茶园要通过台刈改造，重新培育树冠后，才能进行机采。对于台刈改造后的树冠培育，可借鉴幼龄机采茶园的树冠培育方法，使用系统修剪技术，以快速形成采摘面，提早成园投产。

实践表明，树龄在 20 年以上的茶园一般需进行重修剪后才能改为机采；树龄小于 20 年的茶园，一般需要进行深修剪后才能改为机采；树龄虽不太长，但因管理粗放或采摘过度造成长势衰退的，也需进行重修剪或深修剪后才能改为机采；对于树龄不长、生长健壮的茶树，只需调整树高修整采摘面，就可进行机采。机采茶树适宜的树高为 60~80cm。手采茶园单、双条植的树高一般均超过这一标准高度，因此需进行适当的修剪，把树高压低；多条密植茶园一般茶树较矮，如低于这一高度则需采用深修剪，剪除鸡爪枝层，然后留养，使其达到标准树高。

另外，从茶树生理角度考虑，手采茶园改造为机采茶园的修剪时期以春茶前实施为好，但考虑到当年收益和翌年春茶质量，则以春茶早结束早修剪，夏秋茶开始实行机剪机采比较实用。

(三) 园地改造

园地改造应着重做好以下几项工作。

1. 清除障碍物

凡茶园行间、地边有碍行走与机械操作的障碍物，如行间的遮荫树、残留的树蔸、土坑、地头的封闭行、杂物等均需清除，以利于采茶机械的安全操作。

2. 增肥改土

手采茶园改机采时，必须施足基肥，改良土壤，增强肥力。

3. 补齐缺株

缺株较少、无明显断行的茶园，不需移栽补缺，机采后树冠扩张可以增加茶树的覆盖度，自行补齐。但当断行或缺株较多时，就必须在机采前移栽大苗补缺。补苗的方法一般于冬末、早春，在缺株处开沟或挖坑，深度40cm，施入底肥（土杂肥与少量的茶树专用复合肥等），并将肥土拌匀；在苗圃中选取生长特别旺盛的茶苗，按 30cm 的穴距，每穴 2 株移栽到缺株处。同时，注意肥水供应，保证补苗成活。需注意的是，补缺茶苗要在移栽时及栽后第二年春季分别进行离地 15cm 和 25cm 的两次定型修剪。同时，要禁止对移栽茶园进行采摘，防止踩踏与病虫为害。

参考文献

陆德彪，应博凡，马军辉. 2016. 浙江省茶叶生产机械化现状与发展思路 [J]. 中国茶叶加工，(1)：9-14.

毛祖法. 1993. 机械化采茶技术[M]. 上海：上海科学技术出版社，

王秀铿，黄仲先，朱树林，等. 1987. 茶树品种对机采适应性研究[J]. 茶叶通讯，(2)：6-9.

余继忠. 1996. 重修剪对茶叶产量和品质的持续效应[J]. 中国茶叶，18 (1)：32-33.

第三章　名优绿茶机采茶园的管理

良好的茶园管理对茶树高产、优质及可持续发展起着决定性作用。而机采茶园的管理要求明显不同于传统手采茶园，对机采茶园的管理水平要求也明显高于手采茶园，因此以加强肥培管理和树冠维护为核心的名优绿茶机采茶园管理具有重要的意义。

第一节　机采茶园肥培管理技术

与手采茶园相比，名优绿茶机采茶园养分消耗集中、消耗量大，对土壤肥力要求明显不同。当前人们普遍认识到过度施用化肥的负面效应，产业的施肥理念正在发生重大变化，开始着手化肥的减量化施用技术。因此如何根据机采茶园的需肥特点，建立科学合理的机采茶园肥培管理技术对推动名优绿茶机采机制可持续发展具有重要的作用。

一、机采茶园需肥特点

传统名优绿茶手采茶园一般采取"跑采、勤采"的方式，呈现"单次采量较小、轮次多"的特点。而当前名优绿茶的机械化采摘多采用切割式采茶机为主，系非选择性采摘，相应的机械化采摘具有"采摘批次少但采摘集中，单次鲜叶采收量大，茶树受损伤程度重"的特点，因此相对于手采茶园，机采茶园对肥料的需求有其自身的特殊性。

（一）需肥量大

机械化采摘茶园较手采茶园的采收量大，从茶树上带走的养分相对较多，对茶树的损伤也明显大于人工采摘。机采茶园鲜叶产量通常达到 $3000kg/hm^2$ 左右，高的甚至可达 $7500kg/hm^2$ 以上，而手采茶园鲜叶总产量通常只有 $1500kg/hm^2$ 左右。此外，为适应当前采摘机械作业的需要，名优绿茶机采园的树冠要求采摘面整齐划一、新梢生长整齐、旺盛，这对肥料的投入提出了更高的要求。并且，由于名优绿茶机采茶园需肥要求高、采摘强度大，对茶树树体造成的机械损伤大，所以在茶园施肥过程中，需要提供比手工采摘茶园更多的肥料来补充茶树树体营养。

(二) 需肥集中

名优绿茶机采茶园全年的采摘批次显著低于手采茶园。通常手采茶园全年采摘批次达10余次，有些南方茶区甚至达到20批次以上，而实行机械化采摘的名优茶生产茶园全年一般只采摘4~5批，但每次采摘强度大，鲜叶采收量显著大于手采茶园，因此，机采茶园维持茶树生长的肥力需求与手采茶园相比更为集中。

一般情况下，名优绿茶机采茶园的肥料施用量及施用次数一般应与采摘次数相匹配。同时，由于茶园土壤中各种营养元素的含量有限，并且不同矿质营养元素之间的比例也不平衡，所以不能随时满足茶树在不同生育阶段对养分的需求。因此，在名优绿茶机械化采摘茶园的日常栽培管理中，需要根据茶树对养分的需求特点、土壤供肥特性和肥料效应，以及机采模式，科学施肥，以最大限度地发挥施肥效应，满足茶树生育需要，提高机采名优茶鲜叶原料的产量及品质。

二、机采茶园对土壤的要求

名优绿茶机采茶园不仅要求地面平整，以利于机械化采摘，还需有良好的土壤理化等条件来维持机采茶树良好的生长势。茶园土壤是茶树生长所需营养元素和水分的供应场所，土壤的物理、化学性状直接或间接影响茶树根系生长，并对茶树地上部生长发育及机采鲜叶的高产优质有着重要的影响。机采茶园通常要求土壤呈酸性、有机质丰富、土壤养分均衡、土壤质地结构合理、保肥能力强、具有良好的缓冲性等。名优绿茶机采茶园应根据茶园土壤质地结构、水肥状况等具体情况进行土壤管理，定向调控土壤水、肥、气、热等关系，综合考虑提出科学合理的机械化采摘茶园培肥管理措施，以形成土层深厚、土壤疏松通透、持水保肥能力强、肥力均衡的土壤环境条件。

(一) 土壤质地与土层厚度要求

由于名优绿茶机采茶园的需肥量相对较大，需肥也相对集中，因而机采茶园的茶树对根系生长环境及养分供应条件比手采茶园要求更为严格。我国茶园土壤以红壤和黄壤为主，其他还有一些是砖红壤、赤红壤、黄棕壤、棕壤、紫色土、潮土、高山草甸土等土壤类型。在这些土壤类型的茶园中实施名优绿茶机械化采摘管理，对其土壤的质地及有效土层等都有一定的要求。虽然茶树生长对土壤质地的适应范围较广，从壤土类的沙质壤土到黏土都能种茶，但以壤土最为理想，其中尤以砂壤土最适宜茶树生长 (图3-1)，生产

图 3-1　砂壤土

的茶叶品质最优。但由于偏砂性壤土有保水保肥性差的特点，这种土壤上的机采茶园施肥应重点考虑如何保证养分供应和保水保肥；当前南方茶园土壤普遍为低丘第四纪红土上发育的红壤，这种茶园土壤容易板结，常会导致生产的茶叶"香低、味淡、不耐泡"，所以这种土壤类型的机采茶园施肥时，在保证养分供应的前提下，要重视土壤的改良。同时由于机械化采摘茶园对土壤肥力的要求比一般手工采摘茶园要高，其茶园管理过程中更需要根据土壤特性进行有针对性的肥培管理。

　　机采茶园对土层深度也有较高的要求，土层深度过浅的茶园一般不适宜发展为机采茶园。茶园表土层的深浅与茶叶产量关系密切，土层越深，茶树根系的生长空间就越大，能吸收的养分容量也就越大，对茶树的生长势影响就很大。因此，名优绿茶机械化采摘茶园的有效土层深度需达 80cm 及以上，1m 以上更佳（图 3-2）。

图 3-2　有效土层深度

（二）土壤酸度要求

茶树是喜酸植物，一般只能在酸性土壤环境中生长。适宜茶树生长的 pH 值 4.0~6.5，其中以 pH 值 5.0~5.5 为最适宜（茶园土壤的酸碱性会影响茶叶的品质，同时也会影响土壤养分有效性）。实施机械化采摘的名优绿茶生产茶园由于其高肥培管理特性，茶园土壤酸化现象往往比常规手采茶园要严重得多。土壤酸化会影响土壤养分有效性，而土壤养分有效性大小与肥料的吸收利用率关系密切；通常认为中性或微酸性（pH 值 6.5~7.0）的土壤，其养分有效性最高，对肥料利用率最大。研究表明，土壤的酸碱度还会影响茶树对矿质营养的吸收，土壤酸碱度能影响土壤中矿质盐类的溶解度，所以对矿质的吸收有很大的影响。当土壤溶液酸度增高时，能增大各种金属离子的溶解度，有利于植物的利用，但同时也加大了茶叶产品中重金属含量超标的风险。所以对于 pH 值小于 4 的机采茶园土壤，需要改良土壤，通常需施用石灰或白云石粉。石灰或白云石粉的需要量要根据潜在酸的含量换算成所需施用石灰或白云石粉的数量。一般强酸性土壤大约每公顷要施用石灰几百千克到几千千克，每隔几年施用一次。而一些偏北方的机采茶园，则可能会存在酸度偏高的问题，若机采茶园的土壤 pH 值>6.5，则需要通过施用石膏等方法来改良土壤，以使茶园土壤肥力得到更大的发挥，使机采茶园产量更高更持久，并能进一步提升与改善茶叶品质。

（三）土壤有机质含量要求

茶园土壤有机质含量是土壤肥力的重要指标，对机采茶树的生长及机采的可持续性有着直接的影响。同时对茶园土壤的微生物含量与种类有着十分重要的影响。研究表明，茶园土壤有机质含量不仅直接关系到土壤的各项理化性质，也直接关系到茶树生长及茶叶的产量与品质。我国茶园的土壤有机质含量总体上并不高，多数在 2%以下，其中以长江以南的第四纪红土发育而来的黄筋泥茶园土和第三纪红砂岩发育的红沙土茶园土壤为最低，有机质含量低于 1%的茶园占 68.7%，且有机质的性质也较差，腐殖化程度较低。有机质含量低对机采茶园的负面影响会比手采茶园更加明显，由于其养分供应无法满足茶树生长的需要，致使茶树新芽均匀度差、发芽时间参差不齐，从而严重影响机采鲜叶的质量。因此对于此类机械化采摘名优茶生产茶园，尤其需要考虑采取施用有机肥、行间铺草等措施提高茶园土壤有机质含量，改善有机质组成。

（四）土壤矿质营养元素含量要求

茶园土壤矿质营养元素含量特别是其中的氮磷钾等大量元素营养对机械化采摘茶园茶树芽梢的长势及整齐度都会产生最直接、最显著的影响。作为一种叶用作物，茶树对氮的需求量较多。研究表明，茶园土壤中的氮素含量与有机质含量呈线性关系，同时也对茶园土壤的微生物含量与种类有着十分重要的影响。当然，茶园土壤肥力的高低并非完全取决于某一营养元素的含量水平，更重要的是取决于不同营养元素间的平衡关系。作为高产优质茶园的土壤，不仅需要有一定含量的大量营养元素，同时也需要足够的中、微量元素相匹配，而且彼此配比要匀称、协调，任何一种营养元素不足都会直接影响到其他营养元素作用的发挥，成为高产、优质、高效益的限制因素。为此，除了氮素营养外，磷、钾等大量元素及铁、锰等微量元素的含量对茶树生长同样重要。氮、磷、钾等主要营养元素是构成茶树有机物质的基础，不仅对茶树生长和产量影响巨大，而且与茶鲜叶的品质也有着密切相关性。构成茶园土壤的农化性质因素很多，其中在施肥管理过程中，提高阳离子交换量、盐基饱和度，对机械化采摘茶园的茶树生长有着十分重要的作用。

一般认为，可持续发展的优质高产高效机采园土壤，应具有较高的肥力水平，具体的物理、化学及微生物等参考指标见表3-1和表3-2。

表 3-1　机采茶园土壤物理指标

剖面构型	土层深度 (cm)	质地 (中国制)	容重 (g/cm³)	总孔隙度 (%)	三相比 (固:液:气)	渗水系数 (cm/s)	土稳性团聚体 (直径>0.75cm) (%)
表土层	20~35	壤土	1.0~1.1	50~60	50:20:30	>18	>50
心土层	30~35	壤土	1.0~1.2	45~60	50:30:20		>50
底土层	25~40	壤土	1.2~1.4	35~50	55:30:15		>50

表 3-2　机采茶园土壤化学指标（0~45cm 土层）

项目	有机质 (g/kg)	pH (H₂O)	全氮 (g/kg)	交换性铝 (cmol/kg)	交换性钙 (cmol/kg)	有效养分 (mg/kg)						
						氮	磷	钾	镁	锌	硫	钼
指标	>20	4.5~6.0	>1.0	3~4	>4	>100	>15	>80	>40	>1.5	>30	>0.3

（五）其他相关要求

机械化采摘茶园土壤中的有效微生物总数（细菌+真菌+放线菌）应大于0.5 亿个/g；蚯蚓数量要多，至少要达到 30 条/m³。除上述指标外，土壤中的污染物元素等含量需满足国家标准 GB 15618—2008 土壤环境质量标准中的规定。

三、机采茶园养分分析与施肥策略

我国机采茶园的土壤特点和基本面貌差异显著，只有在通过科学分析机采茶园土壤养分的基础上，才能根据不同机采茶园的生产需要，提出科学合理的施肥计划和施肥策略。

（一）机采茶园养分分析

茶叶生产者很难用肉眼直接了解茶园土壤的养分情况，那么茶叶生产者如何才能判断机械化采摘茶园的肥力状况呢？基于茶树叶片的营养诊断及测土推荐施肥技术是最直接有效的方法。

1. 基于茶树叶片的机采茶园养分诊断技术

茶树体内营养元素含量过低或过高会出现缺素或中毒等症状，影响茶树的正常生长，如影响茶树芽梢生长的整齐度，进而影响茶叶产量与品质。因此营养元素的缺乏临界浓度及毒害临界浓度是茶树营养诊断的两个重要内容。通常将产量达到最高产量90%~95%时的营养元素的浓度定义为缺乏临界浓度，而将使茶叶产量降低至最高产量的90%~95%时的营养浓度定义为毒害临界浓度。由于不同生理年龄、不同取样时间及不同取样部位都会对茶树组织营养元素的浓度有很大的影响，同时，由于不同营养元素在茶树中的移动性不一样，因此需要取茶树不同部位在不同时间进行营养诊断。对于移动性弱的营养元素，一般采集新梢样品来诊断；而对于移动性较强的营养元素，通常采集成熟叶来诊断。新梢常用一芽一至三叶或芽下第三叶，成熟叶通常取树冠表层叶。表3-3列出了中非等国家茶园中应用较广泛的诊断指标。

表3-3　基于新梢的第三叶养分诊断指标

养分水平	氮 (g/kg)	磷 (g/kg)	钾 (g/kg)	钙 (g/kg)	镁 (g/kg)	硫 (g/kg)	铁 (mg/kg)	锰 (mg/kg)	锌 (mg/kg)	铜 (mg/kg)	硼 (mg/kg)	氯 (g/kg)
缺乏~中等	30.0	3.5	16.0	0.5	0.5		60	50	20	10	8	
中等~充足	40.0	4.0	20.0	1.0	1.0	0.5	100	100	25	15	12	
充足~过量	50.0	5.0	30.0	3.5	3.0	5.0	500	5000	50	30	100	1.0

　　对于机械化采摘茶园而言，氮素充足与否直接关系着新梢的长势及整齐度，会直接影响机采鲜叶的质量。茶树叶片的颜色深浅可反映体内的氮素含量水平，有研究发现茶树成熟叶的叶绿素含量（SPAD值）与其全氮含量呈显著线性正相关，全氮含量越高，SPAD值越大，并与茶树产量存在着比较明显的关系拐点。因此我们可利用便携式叶绿素测定仪（SPAD）进行机采茶园养分快速诊断来指导机采茶园的施肥。

　　2. 名优绿茶机采茶园土壤养分分析技术

　　通过对茶园土壤养分含量进行分析检测，了解茶园土壤养分状况，也是目前机械化采摘茶园施肥的主要依据，精准施肥、测土配方施肥是我国当前应用较多的施肥技术。精确施肥是将不同空间单元的产量数据与其他多层数据（土壤理化性质、病虫草害、气候等）的叠合分析为依据，以作物生长模型、作物营养专家系统为支持，以高产、优质、环保为目的的变量处方施肥理论和技术。精确施肥是信息技术（RS、GIS、GPS）、生物技术、机械技术和化工技术的优化组合。对于长期相对稳定的土壤变量参数，像土壤质地、地形、地貌、微量元素含量等，可一次分析长期受益或多年后再对这些参数做抽样复测，在我国可引用原土壤普查数据做参考。对于中短期土壤变量参数，像N、P、K、有机质、土壤水分等这些参数时空变异性大，可采用GPS

定位或导航实时实地分析，也可通过遥感（RS）技术和地面分析结合获得生长期作物养分丰缺情况，从而根据不同地块或部位的养分情况进行精准定位施肥。而测土配方施肥也是最为科学和先进的一种施肥方法，它能够测出土壤现有养分，并根据茶树的目标产量，科学合理地供给各种营养元素，真正做到养分供应充足且不浪费。茶园测土配方施肥需要采集土壤样品并分析其养分含量状况，一般要经过茶园土壤样品采集、实验室分析及根据分析结果提出推荐施肥量等几个过程。茶园土壤样品采集是整个过程中最为关键的环节，土壤样品采集通常要根据所在茶园的地貌特点、土壤类型、施肥情况及茶树生长情况来决定样品的数量，每个样品通常需要由 10 个以上取样点所得土壤组成混合样。实际操作中，应分别从施肥沟和其他地点取样，以尽量降低茶园土壤养分在行间的变异。样品采集时间一般宜在茶季结束后施基肥之前进行。一般来说，茶园土壤中的养分全量可反映出养分库的情况，而有效态养分含量可反映出茶树所能吸收的养分供应情况。

（二）推荐施肥策略

1．以树龄及采摘鲜叶量为基准的施肥策略

氮素营养是机械化采摘茶园中最重要的养分因子，通常可通过茶树树龄及茶鲜叶的采收量来决定施氮量，不同树龄机采茶园的氮肥供应参考用量详见表 3-4。幼龄期可根据 N：P_2O_5：K_2O=1：（1~1.5）：（1~1.5）的比例来配施磷钾肥；成龄生产茶园可根据鲜叶采收量及土壤中氮素营养综合情况先确定氮素营养的施用量，再根据 N：P_2O_5：K_2O=4：（1~2）：（2~3）的比例进行配施。如前所述，对于投产的名优绿茶机采茶园，目前所采用的采摘设备大多以切割式采茶机为主，对茶树的损伤及采摘所携带走的新梢量显著高于手采茶园，因此机采茶园对肥料的需求量显著高于手采茶园，可根据表 3-4 中成龄生产茶园中的鲜叶采收量来决定相应的氮肥施用量，但通常全年施入纯氮量不宜超过 600kg/hm^2。

表 3-4　机械化采摘茶园氮肥参考用量

幼龄茶园		成龄生产茶园	
树龄(年)	氮肥用量(kg/hm^2)	干茶产量(kg/hm^2)	氮肥用量(kg/hm^2)
1~2	37.5~75	<750	90~120
3~4	75~112.5	750~1500	100~250
		1500~2250	200~350
		2250~3000	300~450
		>3000	400~600

2．以土壤养分检测为基准的施肥策略

通过土壤养分检测进行配方施肥是一种更全面的推荐施肥策略。该策略根据土壤中养分含量的检测结果，结合表3-4中的养分推荐指标，确定茶园土壤养分的丰缺程度，并根据丰缺程度有针对性地进行配方施肥，以达到平衡施肥的目的。以茶园中钾镁营养为例，可参照机械化采摘茶园钾、镁肥推荐标准（表3-5），根据土壤中钾、镁营养的含量状况来决定茶园中是否需要施用钾、镁肥，以及所需要的施用量。

表3-5　中等肥力以上茶园的钾、镁肥推荐用量

土壤交换性钾含量 (mg/kg)	钾肥推荐用量(以 K_2O 计)(kg/hm²)	土壤交换性镁含量 (mg/kg)	镁肥推荐用量(以 MgO 计)(kg/hm²)
<50	300	<10	30~40
50~80	200	10~40	20~30
80~120	150	40~70	10~20
120~150	100	70~120	5~10
>150	60	>120	0

注：采用 1mol/L 醋酸铵提取。

3．肥料的组成及分配

机械化采摘茶园的施肥，宜采用有机肥与无机化肥配合并分次施用。全年肥料施用可分为基肥与追肥两种类型，一般基肥全年施用一次，追肥施用次数可根据机械采摘的次数来决定，以保证茶树生长的养分均衡供应。

（1）基肥的作用及配比。基肥通常在茶季结束、茶树地上部停止生长后，于每年的秋冬季施用，主要用于补充当年采摘茶叶而带走的养分，并供茶树在秋、冬季吸收和利用，促进茶树光合作用，增加茶树的养分储备，作为翌年春茶萌发的物质基础。基肥的施用是否得当影响着翌年机采茶园的芽叶长势及春季茶鲜叶的品质。基肥一般以有机肥为主，可根据茶园土壤养分诊断结果配施一些磷钾肥等无机化肥来均衡茶园土壤养分。如基肥中的有机肥以采用菜子饼为主，建议每公顷可施用 3000~4500kg；如以发酵完全的猪粪肥或鸡粪等有机肥为主，建议每公顷施用 22500~30000kg。

基肥中的氮施用量宜占全年用量的 40%左右，对于仅采春茶的机采茶园而言，基肥中的氮施用量宜占全年用量的 50%左右；其中有机肥与添加的磷肥一般宜全部作为基肥一次性施入；钾镁肥及微量元素肥料如果量少也宜作基肥一次性施入，如果用量大，则可一部分作基肥，一部分作追肥施用。

（2）追肥的作用与配比。追肥主要在茶树地上部生长期间施用，通常在

每次机采茶树茶芽萌发前通过追肥来补充土壤养分，进一步促进茶树的生长，补充茶树对养分的需求，促进茶树芽梢萌发整齐及保持芽叶粗壮，以达到持续高产优质的目的。追肥以速效氮肥为主，全年可分 2 次或 3 次施用。对于全年机械化采摘的名优绿茶生产茶园，一般可分为春、夏、秋茶追肥，这 3 次追肥的施肥量一般占全年氮肥总量的 60%，春、夏、秋 3 季的追肥分配比率，以 5∶2∶3 或 4∶3∶3 为宜。对于仅采摘春茶的机采茶园，则可仅施用春茶前及春茶后两次追肥，追肥的施用量占全年氮肥总量的 50% 左右，两次追肥的分配比例以 6∶4 或 5∶5 为宜。

四、名优绿茶机采茶园施肥技术

(一) 施肥原则

名优绿茶机械化采摘茶园在施肥过程中，应掌握以下施肥原则。

1. 营养元素平衡施用原则

营养元素具有不可替代性，虽然不同元素在茶树体内含量有较大的差异，但对于茶树生长发育来说，不同营养元素均具有其独特的生理功能，其重要性是没有差别的，不能被其他元素所替代。因此当茶树生长过程中缺少某种元素时，即使其他元素含量十分充足，也会出现独特的缺素症，缺素程度严重的话，甚至会影响茶树的正常生长，这种症状只有在这种元素得到补充后才会减轻或消失。因此，在茶树生长过程中，其生长状况及茶树的产量、品质水平等在一定程度上受土壤有效养分中相对含量最少的元素所控制。因此，对名优茶机采茶园施肥时需要考虑：（1）提供茶树所有必需的营养元素；（2）优先解决限制茶树产量和品质提高的最少因子营养元素。这就需要在施肥时既要考虑大量营养元素氮、磷、钾三要素间的平衡，又要考虑大量元素与微量元素间的平衡。由于茶树是采叶作物，对氮的需求量大，而茶园土壤中的有效态氮常常比较缺乏，难以供给持续机械化采摘的茶树生长需要，因此，对于多数茶园来说，氮素常常会成为影响茶树生长的最少因子营养元素。给茶园供应充足的氮素是茶园高产优质的必要条件，但也并不是氮素供应越多越好，对于机械化采摘的名优茶生产茶园而言，建议氮素的供应量每公顷纯氮不超过 600kg 为宜。为了避免其他元素也成为限制因子，在茶园施肥时，需要配施磷、钾肥及其他微量元素肥料，做到平衡施肥。

2. 有机肥与无机肥配施原则

有机肥是茶园土壤有机质的重要来源，而且由于其具有营养全面、比例协调、有机质含量丰富、肥效缓慢而持久等优点，在茶园中施用有机肥后可形成腐殖质，促进土壤团粒结构的形成而有效地改良土壤，使土壤中固、液、气三相的比例更协调，有利于茶树根系的生育及对养分的吸收；同时施用有机肥还可减少土壤对养分的固定，并加速土壤中难溶性的无机矿物盐转化为茶树易吸收的养分，从而促进茶树的生长及茶叶的产量与品质。但由于有机肥的有效养分含量相对较低，而且释放缓慢，单施有机肥不能适应茶树生长期对肥料需求量大、吸收快的需肥特性，因此需要有机肥与无机化学肥料配施来保证名优茶机械化采摘茶园的养分供应。特别是对于有机质含量低的茶园，此类茶园往往茶叶产量低、品质差，因此应以施用有机肥为主来改良土壤，以使茶园土壤具备良好的生产性能，同时需要配施速效性的化学肥料，以满足茶树生长过程中对养分的需求。在施肥过程中，一般建议以有机肥作为基肥，配合磷、钾肥在茶季结束后一次性施用；以速效氮肥作为追肥，在每轮茶树芽梢生育过程中发挥催芽作用，保证茶树养分充足供应，促使茶树树冠面芽梢的发芽时间尽可能一致，发芽整齐划一。

（二）具体施肥技术

根据机采茶园养分分析和诊断技术获得的数据，遵循茶园施肥原则，就可以制定某一个茶园的具体施肥策略。但不论是何种施肥策略，必须有科学合理的机采茶园肥料施用技术和方法，才能达到较好的机采茶园肥培管理目标。

1. 机采茶园的基肥施用技术

（1）基肥施用时间。基肥的施用一般以早为好，建议在茶季结束，地上部停止生长后立即施用。不建议在冬季温度较低的情况下施用基肥，因为在施肥过程中会对茶树根部造成损伤，由于冬季气温低，不利于茶树根系的愈伤和生长。具体的施用时间常因茶区不同而有所差异，一般江南、西南茶区的茶树在10月中下旬地上部即进入休眠期，根系生长在9月下旬至11月下旬比较活跃，但至11月下旬左右开始转向停止，所以这些茶区的基肥一般建议在9月底即可施用，最晚不迟于10月底；华南茶区的茶树生长期长，一般于11月中旬至12月上旬地上部才停止生长，所以一般宜于11月中下旬至12月上旬施用基肥；江北茶区由于冬季比较寒冷，并时有冻害发生，基肥的施用时间关系到茶树的越冬，所以基肥一般宜在白露前后施用，以使损伤的根系能在当年即愈合，并促使大量新根萌发以利于越冬，若在霜降后再施用基肥，则受损根系很难在当年愈合，不利于茶树的越冬。

（2）基肥的选择及施用方式。一般宜选用有机质含量较高的饼肥、堆肥和厩肥等有机肥作基肥，如通过营养诊断发现氮、磷、钾或有微量元素含量偏低，可掺合一部分速效氮、磷、钾肥或复合肥、微量元素肥等，以保证长效肥与养分的均衡，使肥料既有改良土壤的效果，又能兼具向茶树提供速效养分及长效养分的功能。施肥位置要根据茶园的地形及茶树的树龄来定。对于缓坡型茶园，一般宜在茶树的上方侧开沟施用，开沟位置一般位于茶树树冠边缘垂直下方，开沟深度以 10~20cm 为宜（图 3-3）。

图 3-3 机采茶园开沟施基肥

2．机采茶园的追肥施用技术

（1）追肥的选择。追肥一般以速效化肥为主，常见的有尿素、碳酸氢铵、硫酸铵等，可配施适量钾、镁肥，也可使用复合肥形式的追肥。

（2）追肥施用次数及时间。对于全年机械化采摘的名优绿茶生产茶园，追肥一般可分为春、夏、秋茶追肥。这 3 次追肥中，由于春茶在全年茶叶产量中所占比重大、品质好，同时春追肥的合理施用有利于茶树新梢萌发的整齐度，因此春追肥对于机械化采摘茶园显得尤为重要。春追肥在春茶前施用，俗称"催芽肥"，对春季名优茶的产量与品质均能产生显著影响，建议在采摘前 30~40d 以开沟方式施用为宜，施用后覆土。夏、秋追肥主要是为了及时补充因春茶及夏秋茶的采摘导致的大量养分消耗，以保证夏、秋茶的正常生长。夏追肥宜在春茶结束后，夏茶开始生长之前施用，秋追肥则宜在夏茶结束后立即施用，施肥方式均以开沟施为宜。

此外，追肥还可以采用叶面喷施的形式进行，以进一步促进茶树芽梢萌发的整齐度。喷施叶面肥时需掌握以下技术要点：

（1）喷施位置。叶面肥一般应喷施在叶片背面。

（2）喷施时间与方式。叶面肥宜在茶芽萌动之前进行。宜多喷几次，每次喷施时间宜间隔 1 周；喷施时间宜选在傍晚，不宜在早晨或中午进行。

第二节 机采茶园树冠保持技术

目前，茶园采摘机械以非选择性的往复切割式设备为主，可以预见这一类型的设备还会在今后相当长的时间内使用。因此，与此相配套的茶园树冠必须培育成发芽整齐划一、芽叶粗壮、密度适宜的弧形或水平形状树冠，以适应采茶机械高效、持续的采摘作业。但一般经过机械采摘特别是连续多年的机械采摘后，机采茶园茶树树冠面必定会因为漏采或叶层弱化、树体老化等原因，影响机械化采摘作业。为此，必须采用轻修剪、深修剪、重修剪或台刈等方式对树冠进行必要的修复、修整和更新，以维持名优绿茶机采茶园应有的树冠，满足机械化采摘的需要。

一、机采后树冠修复技术

机采茶园每次采摘后常会因为漏采或枝条回弹等原因导致树冠面的平整度变差，而影响下次的机采效果，因此名优绿茶机采茶园在实施机采后需要对茶树的树冠进行维护，以保持树冠面的平整，确保不影响下一次机采的效果。

（一）机采后的树冠平整技术

每轮机械化采摘结束后，为保证茶树树冠面的平整，应在1周内对茶树树冠面进行1次掸剪，仅剪去茶树蓬面上突出的枝梢。同时用单人茶树修剪机(修边机)对茶树修边整形，剪去茶行两边的边枝、突出枝、细弱枝、铺地枝，使茶行间距始终保持在20~30cm，保持茶园清蔸亮脚，通风透光，利于茶园管理作业（图3-4）。

（二）多次机采后的树冠修复技术

由于经过多次机械化采摘后，茶树的树冠面会产生一些细弱枝，从而导致茶树的生长势和新梢发芽的整齐度都受到影响，需通过轻修剪来进行树冠控制，以保持机采茶树茶芽的萌发整齐及旺盛的生长势。

1. 轻修剪程度

树冠修复时的轻修剪主要是将生长年度内的部分枝叶剪去，其修剪深度一般掌握在上一次剪口上提高3~5cm，或剪去树冠面上的突出枝条和冠面层3~10cm的枝叶，逐步控制茶树高度在60~90cm之间。轻修剪程度必须根据茶园所在地的气候及采摘状况酌情增减。如气候温暖、肥培好的茶园，其生长量大，轻修剪程度可重一些；如采摘留叶较少，叶层较薄的茶园，则应适当

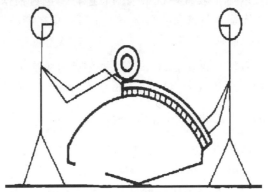

图 3-4　机采茶园掸剪

轻一些，以免叶面积骤减，影响茶树生长；气候较冷的地区可适当轻一些，将受冻叶层、枝条等剪去即可。茶园投产数年后，常在每季茶采摘后依据树势剪去树冠面的突出枝和细弱枝，称之为修面（图 3-5）。

2. 轻修剪工具

茶园轻修剪一般使用篱剪、单人修剪机或双人修剪机。

3. 轻修剪要求

轻修剪时要求剪后树冠面平整，切口平滑不破损。

4. 轻修剪时间

图 3-5　机采茶园轻修剪

树冠修复的轻修剪一般宜在秋茶采摘后进行，也可根据气候和采摘期灵活调节。在当前名优茶效益较高的情况下，也可安排在春茶后进行。

5. 轻修剪次数

在掌握恰当的轻修剪深度情况下，以每年进行 1 次为好，时间间隔不宜过长，以防止茶树树冠迅速长高、树冠面参差不齐，影响管理和采摘。

二、表面叶层弱化机采树冠修整技术

当茶树经过多次机械化采摘和轻修剪后，树高增加，树冠面上长出许多浓密而细小的分枝，形成鸡爪枝、鱼骨形枝，枯枝率上升，树冠面叶层弱化，茶叶产量下降，此时需要通过比轻修剪程度更重的深修剪措施重新培育新的枝叶层，以恢复并提高产量和复壮机采树冠面。

（一）主要修整技术

旨在修整表面叶层弱化机采树冠的深修剪一般用篱剪或单、双人修剪机剪去树冠面绿叶层的 1/3~1/2，15~25cm 厚的枝叶层，剪尽鸡爪枝（图 3-6）。深修剪时要求剪刀锋利，以使剪口平滑，避免枝梢撕裂，引起病虫侵袭及雨水浸入而导致半截枯死，影响茶树长势。

1. 深修剪程度

一般应掌握以剪除鸡爪枝、细弱枝、枯枝的深度为剪位，以剪除这些枝条为基准。

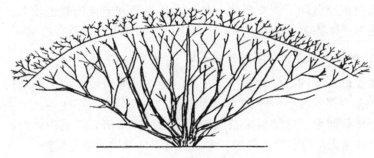

图 3-6 茶树修整

2．修剪次数

国内许多茶区对于采摘大宗茶的茶园大多每隔 4~5 年深修剪 1 次，而对于采摘名优绿茶的茶园则可 2~3 年进行 1 次，对于只采春茶、夏秋茶留养的茶园甚至可以每年深修剪 1 次。

3．深修剪时间

由于深修剪程度相对较深，对茶树刺激大，对当年产量也有一定的影响，因此在平均产量下降幅度达 30% 左右时进行为宜。因此，为照顾当年茶叶产量及名优茶的效益，深修剪可选择在春茶后进行，但必须注意剪后要给予较长的恢复生长时间，且提供较充足的肥水条件，不宜在旱季进行深修剪，以免影响产量与树势。

（二）配套技术措施

在进行深修剪的同时，常需要用整枝剪进行清蔸亮脚及边缘修剪等辅助措施，以解决成年茶树树势比较郁闭、行间比较狭窄的问题。

1．清蔸亮脚

清蔸亮脚即在深修剪时，把树冠内部和下部的病虫枝、细弱徒长枝、枯老枝全部剪去，疏去密集丛生枝，使茶树通风透光，减少不必要的养分消耗，保证茶树健康成长。清蔸亮脚措施一年四季均可进行。

2．边缘修剪

边缘修剪主要是剪除两茶行间过密的枝条，并可剪除边侧枝中长势较差的部分，保持茶行间有 20~30cm 的通道。但这项措施的使用不宜过于频繁，修剪量也不宜过多，否则会引起减产。边缘修剪宜在立春前后或春茶后进行。

三、机采茶园衰老树冠更新技术

树势衰老的茶园可分成两类，一类是树冠面生产枝衰老但树龄较小，这类茶园通过重修剪即可恢复树势；另一类是树势衰老且树龄也较大，通过重修剪无法恢复树势的，这类茶园则需要采用台刈的方式重新塑造树冠。

（一）树龄小但树势衰老的机采茶园

茶园经过多年的机械化采摘及多次的轻、深修剪后，会出现茶树树冠面发芽能力差、芽叶瘦小、对夹叶比例增多、轮次间的间隔期延长、茶叶品质与产量下降等问题，这类机采茶园即便通过加强肥培管理或深修剪措施进行树冠面更新也无法收到好的效果，必须通过重修剪措施恢复树势。

1. 重修剪的判断标准

虽然树冠因多年采摘而衰老，但骨干枝及有效分枝仍有较强的生育能力，树冠上仍有一层绿叶层，则需要采取重修剪的方式来更新树冠恢复树势。具体判定标准如下：树高在 90cm 以上或树势衰老，但骨干枝健壮的机采茶园，需进行离地 30~40cm 的重修剪，同时改土增肥，培养好树冠后，才能再次进行机采。

2. 重修剪程度

在离地 40~50cm 高的部位，水平剪平后留养（图 3-7）。

3. 重修剪后的树冠培育

待新长枝达 30cm 高以上，枝条下部木质化时，在上次剪口上抬高 5~10cm，用与采茶机刀形一致的茶树修剪机将树冠面修平，此后长出的新梢即可用采茶机以"以采代剪"（以采摘的方式代替轻修剪）的方式进一步平整树冠面。

4. 生产枝密度不够的补救措施

对于茶树生产枝密度<250 枝/m² 的茶园，可在 7 月底 8 月初增加 1 次修剪，以进一步增加茶树芽梢的密度，再次长出的新梢即可用采茶机以"以采代剪"的方式进一步平整树冠面，但这次修剪不宜在干旱季节进行。

5. 重修剪茶园的机采树冠维护

在当年秋末冬初（长江中下游地区为 10 月底 11 月初）或翌年 2 月初，根据相应的树冠形状用弧形或水平形修剪机进行一次轻修剪。

6. 重修剪后的修剪周期

重修剪后的第二年开始可按适采标准进行正常采摘，采摘后通过轻修剪或掸剪维持树冠平整度，第四年或第五年根据树势再进行重修剪，实行轮回控制。

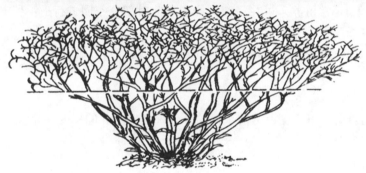

图 3-7　茶园重修剪

（二）树龄较大且树势衰老的机采茶园

这类机采茶园通常树势衰败，要通过台刈改造。台刈后新长出的生长枝需要经过定型修剪等措施重新培育树冠后，才能进行机采。

四、机采茶园树冠留养的作用与方法

（一）留养的目的与作用

名优绿茶机采茶园要在生产过程中始终保持平整的机采树冠面，在机采进行的前 5 年，一般可采用轻修剪和深修剪交替进行的方法来保持平整的机采树冠面，但随着机械化采摘次数的增加，树冠面会出现叶层变薄，芽叶变细的现象，进而会影响茶叶的产量与品质。因此在机采茶园管理中还需要定期进行留养措施，以保持机采茶园树冠有足够的成叶数量来通过光合作用合成有机物，供茶树生长和芽叶优异品质的形成。留养是机采茶园栽培管理中一项十分重要的技术，通过控制留养程度不仅可以调整机采茶园的叶层厚度及叶层质量，进而有效地调节叶面积指数与茶园的载叶量，而且还可降低机采茶园的新梢密度，从而增加新梢的个体重量，提升芽叶品质，调整机采茶园的产量构成。

（二）留养的方法

当机采茶园的叶层变薄（<10cm）、叶面积指数变小（<3）、新梢密度过大时，需要对机采茶园进行留养。

1. 留养时期

（1）正常留养。选择在一年中产量比例小、茶叶质量差的轮次作为留养时期，如浙江、湖南一带可选择在秋季的 4 轮茶留养，广东地区则可选择在春季 1 轮茶或秋季末轮茶留养。

（2）非正常留养。可在采茶洪峰到来前对部分茶园进行适度留养。以调节采摘洪峰。

（3）严重灾害留养。造成茶园叶量大量减少时，应及时留养，以恢复生机。

2. 留养程度

在留养时，可根据留养前茶树的叶量来把握留养的程度，叶量大的少留，叶量小的多留。

3. 留养技术

茶园留养时，树冠叶层厚度应控制在 20cm 以内，叶面积指数控制在 5 左右。当茶树过高或出现鸡爪枝层时，可先深修剪再进行留养。如果留养后茶树树冠采摘面欠平整，就需要在下一轮芽梢萌发前进行 1 次轻修剪，重新整平采摘面。也可在留养的后期进行 1 次轻采，用提高刀口高度来"以采代剪"。

第三节 机采茶园其他管理技术

进行机械化采摘的名优绿茶生产茶园由于其鲜叶原料均集中在整个树冠面表层，而当前的采摘机械大多仍采用无选择性往复切割式原理，因此对树冠面的平整性要求非常高，同时常会比手采茶园更容易引起病虫害的发生，且在灾害面前更容易受损。因此名优绿茶机采茶园管理还应根据生产者自身的条件，配套其他管理技术。

一、机采茶园病虫控制技术

名优绿茶机采茶园由于需要留养标准芽叶达到采摘适期时才能开采，其密集的嫩芽叶容易滋生病虫害，也容易导致病虫害的蔓延。同时由于机采树冠上的芽梢密度通常明显高于手采茶园，从而导致虫害的防控难度大，如隐藏于树冠下层的害虫或发生的病害由于密集芽叶的相互遮盖而不容易得到防治。而手采茶园由于及时分批采摘，可一定程度减轻部分病虫对新生芽叶的为害。因此，名优绿茶机采茶园相对于手采茶园通常更容易发生病虫害且形成蔓延，其防控治理问题更需引起茶园管理者的重视。

茶树病虫防治的方法，按其作用性质可以分为4种，即农业防治、生物防治、化学防治和物理机械防治。

（一）农业防治

农业防治是应用栽培技术防治病虫的方法。即通过栽培管理定向地改变茶园生态环境，使之有利于茶树的生长发育，提高茶树对病虫害的抗性，而不利于病虫的生育、扩散，以控制病虫种群数量。因此，正确的农业技术措施是病虫综合治理的关键。具体做法有：

1．及时采摘

茶树新梢是茶饼病、白星病、茶芽枯病、小贯小绿叶蝉、茶附线螨、茶橙瘿等主要病虫害活动、取食和繁殖的场所。因此，达到采摘标准及时采摘，不仅是保证茶叶质量的重要措施，而且可以直接防除病虫。

2．适时修剪

夏秋季常是茶小绿叶蝉、茶尺蠖、茶毛虫、螨类等害虫的发生高峰期。在名优茶机采茶园的日常管理中，常采用适当的修剪措施，以恢复和增强树势，平整采摘面，促进茶树生长，并抑制病虫害的发生。如在晚秋或早春进行修剪可以减少越冬病虫基数，起到预防来年虫害的作用。尤其是对为害枝梢的病虫如梢枯病、茶梢蛾等效果更为明显。重修剪和台刈对茎干病虫和钻蛀性害虫有相当好的防治效果。修剪和台刈后的枝条会残留病虫，应及时清出茶园，并予以处理。对郁蔽的茶园去除徒长枝，改善茶园小气候条件，可以防止黑刺粉虱和煤病等的发生。修剪后的短小枝叶就地还园，大枝条等宜进行粉碎后还园，病虫枝叶需经无害化处理后还园。

3．其他

如肥水管理、耕作除草、清园等农事作业都能对病虫防控起到积极作用。

（二）生物防治

生物防治是从茶园生态系统这个整体出发，有机运用茶树、害虫、天敌之间相互制约的动态平衡关系，将病虫害控制在经济危害水平之下的一种病虫防控技术，具有对害虫的专一性。茶园郁蔽的生态环境和种类繁多的害虫类群，有利于天敌生物的定居和繁衍。茶园中蕴藏着丰富的天敌资源，据调查，茶园害虫天敌约 500 种，其中包括捕食性和寄生性天敌昆虫、捕食性蜘蛛、寄生性微生物及益鸟等有益动物。生物防治既不污染环境，也不会引起害虫产生抗药性，而能经常持久地控制害虫种群的发展，已成为病虫害综合治理中的主要技术。

生物防治方法虽有了很大的发展，但尚存在着一些问题。天敌昆虫和病原微生物的大量繁殖存在着饲料来源等困难；天敌在田间大量应用，易受自然条件的影响，如病毒对紫外线敏感，虫生菌喜高湿等，因此，都不宜在高温干旱季节应用；微生物制剂作用缓慢；病毒寄生专化性强，只能用来防治一种害虫；茶园农药使用不合理造成天敌大量死亡等。以上问题仍在不断研究完善中。

（三）化学防治

化学防治是一种采用化学药剂对茶园的病虫进行灭杀清除的方法，具有收效迅速、效果显著、使用简单和不受条件限制等优点，但它对害虫天敌也同样具有灭杀作用，而且如果使用不当的话容易引起农残问题。因为茶树收获的对象是新梢，采摘的新梢就是直接施药的部位，若不合理地使用农药，如农药品种选用不当，农药浓度使用过高，用药时期不适当，不按安全间隔期采茶等，均可能导致茶叶产品的质量安全问题。因此，化学防治通常只作为一种应急措施来使用。化学防治中，首先需选择符合国家标准的化学农药，严禁使用国家及行业禁用的农药，并在使用过程中严格遵循剂量规定及安全间隔期的规定，以确保茶叶的质量安全。

当前，为了解决化学农药的残留问题，生物农药技术正在不断地被完善更新。这类生物农药通常不是直接杀死害虫，而是引起昆虫生理上的某些特异性反应，最终使其无法生存。它们对环境和天敌安全，适合在综合治理中与生物防治协调应用。

（四）物理机械防治

1. 人工捕杀

人工捕杀是一种传统的捕杀茶叶虫害的方法。捕杀要结合害虫的习性和栖息场所来进行，如茶毛虫喜欢将卵成堆地产在茶树的叶片背面越冬，因此可以在每年 11 月至次年 3 月摘除叶背越冬卵块；其 1~2 龄幼虫群集在叶片背面，被害状明显，极易发现，可以将带虫的枝叶剪下，就地踩死。人工采除病叶可减轻病害。

2. 物理诱杀

通常可分为灯光诱杀法、嗜色诱杀法、糖醋液诱杀法等几种。

（1）灯光诱杀法。利用茶园害虫趋光性较强的特性，采用灯光诱杀的方法，减少病虫的发生。如太阳能杀虫灯具有使用寿命长、诱杀范围大、可诱杀的害虫种类多、杀虫的过程对环境无任何污染、保护各种害虫的天敌和益虫等诸多优势，一般每2.0~2.6hm² 安装 1 盏杀虫灯，灯离地面 1m 左右（图3-8）。

图 3-8　灯光防治

(2) 嗜色诱杀法。色板粘虫是根据不同害虫对色彩的敏感性不同，利用害虫对色彩的趋性来监控和杀死害虫的一种物理防治方法，如茶尺蠖初孵幼虫对黄色、茶蚜对黄绿色、茶黄蓟马对黄色和绿色、茶小贯小绿叶蝉成虫对琥珀色都有趋性，可以在茶园行中安装黄色和蓝色粘虫板进行防治。一般每30m² 左右插 1 块诱虫板，虫板高出茶树顶端 5~10cm 便可，虫害发生严重地块要适时更新（图 3-9）。机采茶园色板的安装应考虑机采的方便性。

图 3-9　色板防治

(3) 糖醋液诱杀法。糖醋液可以诱杀对糖醋酒等气味有一定敏感性的昆虫，如梨小食心虫、梨大食心虫、金龟子、卷叶蛾、小地老虎、黏虫、金龟子、鳞翅目类害虫，同时，糖醋液还能很好地预测主要害虫的发生情况，为害虫的及时药剂防治提供依据，并且不存在农药残留，不污染环境，对人畜安全。糖醋液是将糖、醋、黄酒按 4.5∶4.5∶1.0 的比例，用微火熬煮成糊状，在茶园诱杀容器的底部和器壁都涂抹上，成虫进入取食时，被粘住或中毒而死。

二、机采茶园灾后树冠恢复技术

由于名优绿茶机采茶园的新梢全部集中在树冠面表层，因此，比立体蓄梢的手采茶园更容易受到倒春寒、旱热害等气象灾害的危害，而且危害程度往往会更严重。一旦名优绿茶机采茶园受到了气象灾害的危害，应根据茶园受害程度和树龄采用不同的农艺措施，使受害茶园尽快恢复树势。

（一）茶树树冠受害特别严重的茶园

对于茶树受灾害特别严重，蓬面表层枝条几乎全部枯死的成龄机采茶园，需进行修剪，将枯死枝条剪去，但要注意宜轻不宜重，一般掌握在枯死部位下方1~2cm的位置进行修剪为宜。对于枝条枯死较严重的幼龄茶树，如枯死部位低于定剪标准高度，春茶前在枯死部位略低进行修剪。对于叶片全部受害的幼龄茶树，叶片随后会陆续脱落，即使存活，恢复生长的能力也大为减弱，考虑重新种植为宜。

（二）茶树树冠受害程度较轻的茶园

对于茶树树冠受害不是十分严重的成龄茶园，即便是树冠面多数叶片有焦斑或脱落，只要茶树的树冠面枝干没有受损，建议不要修剪，可让茶树自行发芽，恢复生长，并进行适当的留养后再进行树冠平整。同时适当增施速效肥料，如复合肥和尿素，并可适当地喷施叶面肥，以有利于促进茶树尽快恢复生长。茶树恢复生长、新芽萌发至一芽二叶后，每亩施用15~20kg复合肥或尿素。茶树长势恢复之前不宜过多施用肥料，但可用0.5%尿素或0.5%磷酸二氢钾水溶液进行根外追肥，不仅能补给养分，促进根系快长，而且也增加了水分，增强茶树的抗性。对于幼龄茶园而言，特别是1~2龄茶树，无论受害轻重，均不宜修剪。

参考文献

曹潘荣，邓拔周，王登良，等. 1999. 不同定剪方式对茶树树冠培养效果的影响[J]. 中国茶叶，21（4）：12-13.

黄斌，孙威江. 1993. 乌龙茶机采茶园的优化施肥 [J]. 福建农学院学报（自然科学版），22（4）：418-421.

韩文炎，伍炳华，姚国坤. 1991. 轻修剪对不同品种茶树生长的影响 [J]. 中国茶叶，13（1）：4-5.

韩文炎，马立锋，石元值，等. 2007. 茶树控释氮肥的施用效果与合理施用技术研究[J]. 植物营养与肥料学报，13（6）：1148-1155.

韩文炎，马立锋，石元值，等. 2007. 茶树施用控释氮肥的产量和品质效应 [J]. 土壤通报，38（6）：1 145-1 149.

韩文炎，阮建云，林智，等. 2002. 茶园土壤主要营养障碍因子及系列茶树专用肥的研制 [J]. 茶叶科学，22（1）：70-74.

刘新，白堃元. 2002. 无公害茶叶采制技术[M]. 北京：农业出版社.

刘富知，朱旗，罗军武. 1993. 茶树修剪更新生物学效应的持续性研究 [J]. 湖南农学院学报，19（5）：443-451.

马立峰，石元值，阮建云. 2000. 苏、浙、皖茶区茶园土壤pH状况及近十年来的变化[J]. 土壤通报，31（5）：205-207.

明平生. 1997. 机采中低产茶园不同高度重修剪改造[J]. 中国茶叶，19（5）：6-7.

潘根生，赵学仁. 1992. 茶树轻修剪时期与留叶时期优化组合的研究[J]. 茶叶，18（4）：8-12.

阮建云，吴洵，石元值，等. 2001. 中国典型茶区养分投入与施肥效应 [J]. 土壤肥料，(5)：9-13.

阮建云，马立峰，石元值. 2003. 茶树根际土壤性质及氮肥的影响 [J]. 茶叶科学，23（2）：167-170.

童启庆. 2000. 茶树栽培学[M]. 北京：中国农业出版社.

吴洵. 1997. 茶园土壤管理与施肥[M]. 北京：金盾出版社.

吴洵，林智. 1993. 茶树喜酸及茶园土壤酸化问题的研究结果及进展 [J]. 茶叶文摘，（1）：1-7.

俞永明. 1990. 茶树高产优质栽培技术[M]. 北京：金盾出版社.

杨亚军. 2005. 中国茶树栽培学[M]. 上海：上海科学技术出版社.

中国农业科学院茶叶研究所. 1986. 中国茶树栽培学[M]. 上海：上海科学技术出版社.

第四章　名优绿茶机械化采剪技术

鲜叶采摘，是茶树栽培的收获过程，也是调节树势、付制加工的关键环节，不仅直接影响茶叶产量、品质和经济效益，而且关系到茶树的生长发育和经济寿命。传统名优绿茶以手工采摘为主，季节性强、用工多、成本高。随着社会经济发展和产业结构调整，农村劳动力得到大量转移，一方面导致采摘用工严重短缺，另一方面促使采摘成本快速提高，"采茶荒"逐渐成为业界亟须突破的共性技术瓶颈，茶叶采摘的机械化势在必行。

第一节　名优绿茶机械化采摘的适合期

鲜叶采摘的对象是茶蓬生长枝上的幼嫩新梢，合理采摘不仅要求所采芽叶符合加工茶类的鲜叶品质标准，同时能够通过采摘促进新梢多发快发，调节采茶制茶能力，进而达到优质高产的目的。考虑到鲜叶机械化采摘的非选择性，掌握合适的采摘时期对提高机采鲜叶质量、产量和效率都极为重要。

一、大宗茶机采适期指标

机采适期是指适合机械化采摘的最佳时期。机采适期指标一般用树冠的鲜叶机械组成来构建，受加工茶类、茶季、采摘批次等多种因素的综合影响。传统大宗茶机采鲜叶的嫩度一般要求为一芽三四叶及对夹叶，大宗茶机采适期指标依茶季、茶类不同而异。对大宗绿茶而言，春茶期间当茶树蓬面芽叶中一芽三四叶及对夹叶的比例达到80%时即可进行机采，夏茶期间茶树蓬面芽叶中符合采摘标准的新梢达60%时即可进行机采，秋茶期间则以茶树蓬面芽叶中符合采摘标准的新梢比例达40%时为采摘适期；乌龙茶的适期指标以一芽二叶至四叶的比例，春季达60%~70%，夏季达50%~60%，秋季达40%~50%为佳。

二、名优绿茶机采适期指标

我国传统名优绿茶的鲜叶一般要求一芽一叶至一芽三叶，不同的产品类型和等级会有不同的要求。

就目前往复切割式非选择性采茶设备而言，名优绿茶机械化采摘的中高级鲜叶目标一般为一芽二叶及对夹叶以上嫩度的芽叶。大量的试验发现，名优绿茶机采时，春茶时期当树体上一芽一二叶及对夹叶的比例达到70%~80%时进行机采较为适宜（图4-1、图4-2、图4-3），不仅可获得较高比例的适宜名优绿茶生产的原料，而且鲜叶的采摘量较大，总产值较高；夏茶时期以树体上一芽一二叶及对夹叶的比例达到60%~70%时进行机采较适宜；秋茶时期则当40%~50%的树体新梢符合采摘标准时即可进行机采作业。

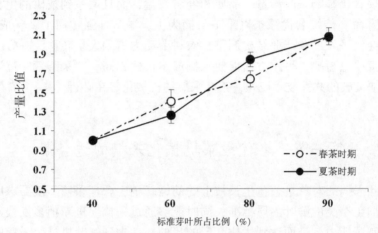

注：以标准芽叶达40%时所采鲜叶量为对照进行比较。

图4-1　名优绿茶不同开采期产量比较

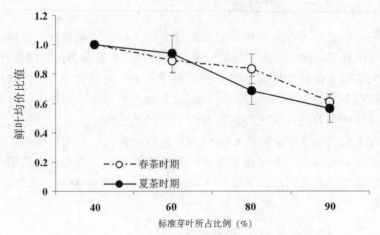

注：以标准芽叶达40%时所采鲜叶的价格为对照进行比较。

图4-2　名优绿茶不同开采期机采叶均价比较

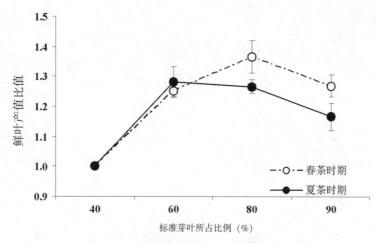

注：以标准芽叶达 40%时所采鲜叶的产值为对照进行比较。

图 4-3　名优绿茶不同开采期机采叶产值比较

另外，适制名优绿茶的不同茶树品种机采适期指标差异不大，如图 4-4 所示，中茶 102、龙井 43、薮北等适宜机采的品种在春茶期间的适期指标均为树体上一芽一二叶及对夹叶的比例为 80%左右，夏茶期间均为 70%左右 (图 4-4)。

此外，中低档名优绿茶机采鲜叶一般以一芽三叶为主。重点考察茶树上一芽三叶左右嫩度鲜叶的占比情况，具体可以参考大宗茶机采适期指标。

三、名优绿茶机采适期其他参考因素

除以树体芽叶的机械组成作为采摘适期的指标外，名优绿茶的机采还需关注新梢长度、鱼叶开展期、采摘间隔期等适期因素。

由于名优绿茶具有较高的外观品质要求，新梢长度也能够作为机采名优绿茶适采期判断的辅助条件，一般而言新梢长度以 4cm 较为适宜。鱼叶开展时间亦可用于测算名优绿茶的机采适期，春茶时期鱼叶展后 15d，夏秋季鱼叶展后 12d 左右进行机采较为合适，但不同区域茶树展叶速度有差异，以杭州为例，春季平均展叶间隔期为每叶 5.4d，夏秋季约为每叶 4.2d，因此需综合其他因素整体评判。

名优绿茶机采的批次和间隔期应根据茶树品种、茶树长势及新梢伸育情况等灵活掌握，一般春茶期间采摘 1~2 次，间隔期为 15~20d；夏茶、秋茶均以采摘 1 次为宜。浙江地区不同茶树品种名优茶鲜叶的机采间隔期见表 4-1。

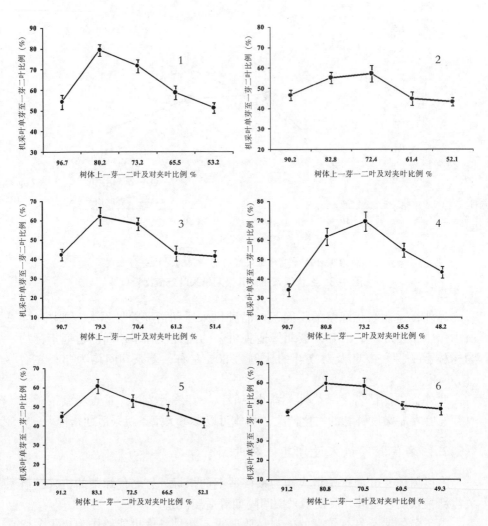

注：1—中茶102品种春茶　2—中茶102品种夏茶　3—龙井43品种春茶
　　4—龙井43品种夏茶　5—薮北品种春茶　　6—薮北品种夏茶

图4-4　不同茶树品种机采适期比较

表4-1　不同茶树品种名优茶鲜叶机采间隔期 d

采摘期	品种			
	迎霜	乌牛早	龙井43	群体种
春茶时期	15~22	18~24	20~25	22~26
夏茶时期	18~24	19~25	21~26	22~28
秋茶时期	22~26	21~26	23~28	25~28

第二节 名优绿茶机采设备的选型及配套

当前生产中使用的采茶设备主要包括手持式微型采茶机、单人平形采茶机、双人弧形和平形采茶机、乘坐式采茶机等几类。对采茶设备的选择，除需考虑茶园面积和设备工效性能外，还应同茶树修剪机相匹配，与茶树长势及茶树蓬面情况相适应。

一、名优绿茶不同机采设备作业特点

现有名优绿茶的机采设备因动力系统、工作方式等的差异，在台时工效、作业茶园面积及对茶蓬的要求等方面各具特点。具体类别的采茶机的工效和作业条件见表4-2。

表4-2 不同采茶机的作业参数

采茶机种类	台时工效 （hm²/h/台）	承担茶园面积 （hm²/台）	操作人数 （人/台）
手持式微型采茶机	0.013~0.02	0.67	1
单人采茶机（便携式名优茶采摘机）	0.033~0.053	1.67	2
双人采茶机	0.08~0.10	4.67	3
乘坐式机动型采茶机	0.33~0.67	13.34	2

（一）微型采茶机

手持式微型采茶机作业面积最小，具有操作灵活、适应性强的特点，单人即可操作，对茶园面貌的要求也较低，但台时工效为每台每小时采摘0.013~0.020hm²，效率较低。

（二）单人采茶机

单人采茶机、便携式名优茶采摘机是为中小规模茶园设计的机型，设备操作时需2人协调配合，具有使用较方便、采摘质量较佳等特点，台时工效为每台每小时采摘0.034~0.035hm²，一天可以采摘0.04~0.53hm²茶园，一般适合小规模企业或农户使用。其中便携式名优茶采摘机是在单人采茶机的基础上，配置有可调节高度的支撑板，可以提高机采鲜叶的嫩度和匀整性。

（三）双人采茶机

双人采茶机是目前生产上使用最广的机型。它以采摘弧形茶蓬为主，台时工效约为单人采茶机的两倍，每台可承担的茶园面积在4.67hm²左右，集叶

干净，作业工效高，采摘的鲜叶质量较好，适合具有一定规模的企业使用。

(四) 乘坐式机动型采茶机

乘坐式机动型采茶机是目前生产上应用的机械化、自动化程度最高的采茶设备，具有很高的台时工效，每台每小时可采摘 0.34~0.67hm²，但对茶园基建、茶蓬养护等要求较高，投资成本也相对较高，适合特大规模企业购置。

二、名优绿茶主要采剪设备选型

我国茶园面积广阔，茶园状况也极为复杂，具有各自的地形地貌、蓬面形状、面积大小等特点，如按照种植年限分类，可分为幼龄茶园、成年茶园、衰老茶园；按地势划分，有高山茶园、坡地茶园、平地茶园（图4-5）；按蓬

a-幼龄茶园 　　　　　　　　 b-成年茶园

c-衰老茶园 　　　　　　　　 d-高山茶园

e-坡地茶园 　　　　　　　　 f-平地茶园

g-弧形蓬面 　　　　　　　　 h-平形蓬面

图4-5　不同类别机采茶园

面形状划分，有弧形蓬面、平形蓬面；此外还有坡度、长势、蓬幅等。选择机采设备时，必须根据茶园的不同类别、不同状况进行综合匹配，并配套与之相适应的修剪设备。具体条件和选择参见表4-3、表4-4。

表4-3　主要采茶设备的应用特点

匹配的采茶设备	典型茶园状况				备　注
	面积	坡度	茶蓬平整度	茶蓬幅度	
手持式微型采茶机	≤1.5hm²	/	较差	无规则	尤其适用于茶蓬平整度差、面积不大、坡度较大的山区茶园
单人采茶机、便携式名优茶采摘机	≤3.5hm²	≥15°	平形树冠，较为平整	0.8~1.0m	选用便携式名优茶采摘机可获得更佳的机采叶品质
双人采茶机	≤13.5hm²	≤15°	弧形树冠，较为平整	1.2~1.5m	在山区梯级式地形且一边靠沟坎的茶园中应用较为困难
乘坐式机动型采茶机	>13.5hm²	≤15°	弧形树冠，较为平整	1.2~1.5m	尤其适用于茶树树冠和行间土壤的平整度较好的茶园

表4-4　不同需求机采茶园修剪设备匹配

茶园状况	作业种类	机种	承担面积
(1)机采茶园完成机采作业后 (2)树体基本定型的幼龄茶园	轻修剪	单人修剪（修边）	≤3.5hm²
		双人修剪(弧形、平形)	≤8hm²
(1)机采茶园完成机采作业后 (2)需进一步完善蓬面的机采茶园	修边	单人修剪（修边）	≤13.5hm²
(1)树势已显衰老的成年茶园	重修剪	机轮式重修剪机	≤8hm²
(2)衰老的机采茶园	台刈	圆盘式台刈机	≤10hm²

注：弧形树冠选用弧形修剪机，平形树冠选用平形修剪机。

第三节　名优绿茶机械化采摘技术

机械化采摘鲜叶质量除了与树冠平整度、采茶机械的质量有关外，还与操作人员的采摘经验、技能水平和操作技术直接相关。因此，通过技能培训，了解设备性能和操作技术，不断提高操作人员的技术水平至关重要。

一、名优绿茶机采前期准备

（一）上岗培训

机采前，操作人员需接受必要的技术培训并熟读机器使用说明书；熟悉机械结构、性能及使用方法等设备情况；掌握设备安全事项、简单故障排除和维修等操作要领。

（二）设备和燃料准备

1．全面检查设备的机械性能

仔细检查机器运行是否正常，特别是连接和螺栓等有无松动，机件有无缺损等，发现松动和损坏应进行固紧和整修。

2．燃料的准备与加注

采茶机械的燃料，汽油机使用 90 号汽油和二冲程汽油机专用机油，并按 25∶1（新机最初 20h 为 20∶1）的容积比配制，混匀后使用；柴油机使用 0 号柴油。

（三）茶园清理

采用人工清理方式，对茶园中铅丝、铁器等坚硬杂物进行清除，以免损坏机器，造成不必要的损失。茶行与茶行之间要留出不小于 10cm 的通道，以便操作人员行进以及集叶袋的安置移动。实践表明，茶行间的间隙过小，会严重影响操作人员的作业效率，而且集叶袋上部会因为茶蓬边缘的阻碍作用而旋转成"麻花"状，妨碍芽叶的顺利进入。

二、名优绿茶机采操作技术

当前生产中使用的采茶机类型较多，了解不同设备的性能和基本操作技术对提高机采鲜叶质量、减轻工作强度都有重要作用。

（一）电动微型采茶机

以 4CDW-150 电动微型采茶机为例介绍微型采茶机的操作方法。该机 1 人手持即可操作（图 4-6），具体作业时需掌握以下几个技术要点。

1．做好采前准备

先将蓄电池（锂电池）与作业主机相连接，套上集叶袋，并备好竹筐等鲜叶存放器具。

2．观察和确定采摘基本参数

背上蓄电池（锂电池），手持作业主机，步入茶行，根据茶园中鲜叶的

图 4-6 4CDW-150 型手持式电动微型采茶机作业

长势和采摘嫩度要求等初步确定采摘面的高度，以及采摘运行的基本方向和路径。

3．正确把握采摘操作技术

（1）采摘角度。启动后一般由茶行边缘逐渐向中心采摘，采摘时剪切面需向上倾斜 10°~15°角，一方面避免夹角较大的茶树叶片打碎，另一方面利于采摘下来的鲜叶收进集叶袋。

（2）采摘高度。根据鲜叶长势和要求，确定刀片高度。作业时机采刀片应保持平稳，至收尾时需稍上翘；对于树冠平整度不佳的山区茶园，其采摘高度可根据新梢长度等作适当调整。

（3）采摘有效性。微型采茶机采摘宽幅较小，一片茶树蓬面经常需要多次来回采摘，应尽量采尽茶蓬面所有鲜叶，也要避免多次重复采摘。

4．适时集叶

集叶袋装满时，要及时停止刀片运转，将鲜叶从集叶袋的尾部倒出，盛放在竹筐等专用集叶器具内。

实际应用表明，在茶园树冠基础条件较差时，采用微型采茶机采摘嫩度为一芽二叶的鲜叶可获得较好的完整率，与手采鲜叶原料相当（表 4-5），而采摘效率较手工可提高 2.2 倍左右，节约成本 68.1% 左右(表 4-6)。

（二）单人采茶机

单人采茶机作业时，一般由 2 人组成一个作业组。主机手背负采茶机动

表 4-5　手持式电动微型采茶机与手工采摘效果比较　　　　　%

采摘方式		机采叶机械组成				鲜叶完整率
		一芽一叶	一芽二叶	一芽三叶初展	单片	
手采		13.07	35.76	17.48	33.69	48.83
机采	I	7.79	38.03	25.10	29.08	45.82
	II	12.56	29.56	10.36	47.51	42.12

注：鲜叶完整率是指一芽一叶至一芽三叶的机械组成；采用 4CDW-150 型电动微型采茶机。

表 4-6　手持式电动微型采茶机采摘成本分析

处理	人工工资 （元/h）	折旧费 （元/h）	电费 （元/h）	产量 （kg/h）	平均成本 （元/kg）
手采	10	—	—	2.7	3.70
机采	10	0.26	0.01	8.7	1.18

注：1. 机采采用 4CDW-150 型微型采茶机；2. 试验茶园为嵊州市长乐县争光茶厂基地。

力装置，操作机器实施采摘，副机手手持集叶袋，配合主机手采摘，并可轮换操作（图 4-7）。具体操作时需掌握以下几个技术要点。

1. 正确启动机器

取下护刀套，在化油器处的油泵按钮上扭 3~5 下，以使化油器中充分进

图 4-7　单人采茶机作业

油，同时可见回油管有油返入油箱。关闭自动风门，适当开大油门，将左手按在起动器正上方，右手顺着启动绳出口方，向右后方拉启动绳。启动后，汽油机怠速运转 2~3min，预热汽缸、活塞等部件。机器预热后停机熄火。

2．做好采前准备

工作前要先套好集叶袋，准备好竹筐等鲜叶存放器具。随后启动机器，使机器处于怠速状态，主机手在副机手的帮助下背上动力装置，持好采茶机头。

3．准确把握采摘操作技术

步入茶行，主机手首先应根据茶园中鲜叶的长势情况和采摘嫩度要求等确定采摘面的高度和幅度。随后双手紧握机头扶手，面朝采茶机，由茶行边缘向中心采摘。副机手手持集叶袋，紧跟主机手配合采摘。

（1）采茶机操作技术参数。在行进中要时刻注意控制好采摘面的高度、幅度及行进速度等。一般而言，名优茶鲜叶要求一芽一叶至一芽三叶初展，采摘高度以 2.0~3.0cm 为宜；行进速度以 0.5 m/s 较为适宜。

（2）采摘作业技术方法。主机手应保持机头刀片前进的方向与茶行新梢方向垂直，避免重复采摘并尽可能消除漏采。标准的宽幅茶行，每行茶树一般来回采摘 2 次，第一次采掉采摘面宽度的 60% 左右，第二次即返回时再采去剩余部分，两次采摘高度要求保持一致，避免树冠中心部重复采摘和中间部位新梢的漏采，采摘到地头边缘时，可适当压低采摘面，沿着树冠方向调转机头进行采摘。

4．注意集叶的处理

（1）当集叶袋中鲜叶较多时。副机手可以右手拿着集叶袋的尾端，左手托起集叶袋的中部，随主机手前进，一方面减少主机手前进时的阻力，另一方面可防止集叶袋磨损。

（2）集叶袋装满时。关小油门，使刀片停止运转，将茶叶从集叶袋的尾部倒出，堆放在竹筐等专用集叶器具内。

（三）便携式名优茶采摘机

便携式名优茶采摘机（图 4-8）是在原单人采茶机的基础上，经适当缩短刀片长度，并在导叶面安装特殊支撑板后改装而成，其他机械机构与单人采茶

图 4-8　便携式名优茶采摘机

机相同。由于支撑板的增设，作业时茶树蓬面作为支撑面，承担了机器大部分的重量，因此采茶机导向性更好，手提作业更省力、更稳定。

与单人采茶机一样，每台便携式名优茶采摘机采茶时一般配备2人，机器启动和使用亦与单人采茶机相同。只是在作业过程中，主机手可借助支撑板的支撑和导向作用逐步向前推进，一方面可适当省力，降低工作强度；另一方面可避免行进过程中的高低起伏，使得采摘面更平稳，提高准确度。同时，主机手在采摘过程中要注意采摘刀片的角度。研究及实践表明，刀片与新梢保持垂直（即刀片水平）状态时，采茶机采下的鲜叶中，单片比重相对较小，而刀片略向上倾斜时，单片比重明显增加（表4-7）。这主要是刀片略向上倾斜时容易将叶片从芽叶上切下。因此现有切割式采茶机应用于名优茶采摘时，刀片以保持水平较为适宜，有利于提高机采鲜叶的完整率。

便携式名优茶采摘机主机手在采摘过程中要注意行进速度，以0.5m/s的速度行进，机械化采摘的鲜叶完整率较高，单片也相对少一些（表4-8）。

表4-7 采茶机刀片角度对机采鲜叶机械组成的影响 %

刀片角度	单芽	一芽一叶	一芽二叶	一芽三叶	单片	老叶老梗
水平	2.18±0.48	7.39±1.51	20.62±5.39	33.98±0.23	29.93±5.02	6.89±0.14
略上斜	2.09±0.52	7.85±0.68	16.04±3.34	23.31±4.67	43.53±6.51	8.18±1.22

注：试验基地为奉化南山茶场。

表4-8 便携式名优茶采摘机前行速度对机采鲜叶机械组成的影响 %

前行速度 (m/s)	鲜叶机械组成（%）							完整率
	单芽	一芽一叶	一芽二叶	一芽三叶	单片	老叶	碎末	
0.19	2.9	8.1	17.7	29.0	38.7	2.9	0.6	57.7
0.3	7.5	15.1	26.1	13.1	27.1	8.0	3.0	61.8
0.50	4.9	18.2	31.4	9.8	24.2	9.1	2.3	64.4
1.70	2.6	15.2	15.2	4.3	60.6	2.2	–	37.2
2.60	1.6	11.2	22.4	8.9	55.9	–	–	44.1

注：1. 试验基地为奉化南山茶场；2. 鲜叶完整率是指完整芽叶量占总叶量的百分比。

便携式名优茶采摘机适合在茶树长势、蓬面培育均较佳的茶园中使用，采用便携式名优茶采摘机配套应用技术（表4-9）采摘的鲜叶如图4-9所示。从机采叶机械组成可以看出，在茶园蓬面培育较好的情况下，所得机采叶完整率最高可达70%左右（表4-10）。与手工采摘相比，采用该设备采摘目标原料的工效约为手工采摘的23.3倍，可节约成本约83%（表4-11）。

表4-9　便携式名优茶采摘机应用技术

结构参数	应用技术参数
①支撑板截面角度45°、宽22cm； ②根据采摘要求自由调节连接杆高度	①采摘角度：水平 ②采摘速度：0.5 m/s 左右 ③支撑板高度：10~20mm（推荐值） ④适采期：树体上一芽一叶至一芽二叶的比例为70%~80% ⑤树冠：平整，采后需修剪蓬面

图4-9　便携式名优茶采摘机机采鲜叶

（四）双人采茶机操作技术

双人采茶机是我国目前生产中使用最普遍的采茶机形式。双人采茶机作业一般由4人组成一个机采作业组，其中主机手1人，副机手1人，协助人员2人。部分茶区每台双人采茶机配备6~8人，组成1个机组，工作中分成两班轮换作业。具体操作时需掌握以下几个技术要点。

1. 正确启动机器

取下护刀套，扭动化油器的油泵按钮3~5下，使化油器充分进油，同时可见回油管有油返入油箱。关闭自动风门，适当开大油门，将左手按在启动器正上方，右手顺启动绳出口方向，向右后方拉启动绳。启动后，让汽油机发动2~3min，使汽缸、活塞等部件适当预热，预热完成后停机熄火。

表4-10　便携式名优茶采摘机机采叶机械组成　　　　　　　　　%

处理	鲜叶机械组成							完整率
	单芽	一芽一叶	一芽二叶	一芽三叶初展	老叶、老梗	单片	碎末	
Ⅰ	2.404	10.526	36.842	22.807	5.263	19.298	2.860	72.579
Ⅱ	3.743	11.673	33.398	18.679	5.896	22.324	4.287	67.493
Ⅲ	3.108	11.941	35.483	19.120	5.012	22.761	2.575	69.652

注：1. 试验基地为绍兴御茶村茶业有限公司茶园。2. 鲜叶完整率是指完整芽叶量占总叶量的百分比。

表4-11　便携式名优茶采摘机采摘成本分析

采摘方式	油料费（元/h）	人工工资（元/h）	维修费（元/h）	折旧费（元/h）	工作时间（元/h）	产量（kg/h）	平均成本（元/kg）
手采	—	10	—	—	10	0.75	13.3
机采	4	30	2	10	10	17.5	2.4

注：试验基地为绍兴御茶村茶业有限公司茶园。

2. 做好采前准备

作业前要先套好集叶袋，备好竹筐等鲜叶存放器具；根据操作人员身高，茶蓬面的高度、宽度，以及采摘鲜叶新梢长度等因素，将机器把手调节到最适位置，以免长时间操作引起过度疲劳而影响机采质量。最后启动机器，使机器处于怠速状态。

3. 操作人员站位正确

双人采茶机主要适应弧形模式茶树树冠，其采摘面半径为85cm，弧形刀片采茶机的切割器半径为120cm，故在机采时一般应使采茶机与茶行走向呈60°左右角前进（图4-10），使采摘面与切割器吻合。具体作业时，主机手在前，副机手在后；主机手双手托着采茶机的非动力端，侧身后退作业，控制好采茶机剪口高度与前进速度；副机手面向主机手，双手手持副操作手柄，侧向前进作业，副机手稍滞后主机手30~40cm，使器刀片与茶行轴线呈约60°夹角；其余操作者扶持集叶袋，协助机手采摘，或装运鲜叶（图4-11）。

4. 采摘高度适当

在行进中，应时刻注意刀片的剪切高度与鲜叶的采摘质量，使刀片保持在既能采尽新梢，又不会采到老梗、老叶的状态。每行茶树来回各采1次，去程应使剪口超出树冠中心线5cm，回程再采去剩余部分，两次采摘高度应保持一致，使左右两半采摘面整齐，防止树冠中心重复采摘。

5. 进刀方向准确

机采作业时的进刀方向应与茶芽生长方向垂直，进刀高度通常以留鱼叶

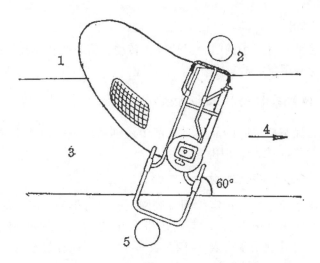

1-集叶袋 2-主机手 3-茶行 4-前进方向 5-副机手

图4-10 双人采茶机作业时与茶行的角度

图4-11 双人采茶机机手的操作姿势

采，或在上次采摘面上提高 1cm 左右。掌握采茶机的手势要稳，沿树冠平面平稳采摘，防止手势轻重不稳而导致采摘深度深浅不一，高低不平，破坏树冠，影响采摘质量和产量。

6.行进速度和机器运转速度适中

机手要保持匀速行走，每分钟 30m 左右，汽油机保持中速运转，一般为4000~4500 r/min。

7．适时集叶

集叶袋装满时，减小油门，刀片停止转动，将茶叶从集叶袋的尾部倒出，堆放在竹筐等专用集叶器具内。

三、其他机采辅助技术和方法

为提高名优茶机采叶的品质，生产中还创新出一些辅助技术措施和采摘方法，可以根据需要结合使用。

（一）覆网式机采配套技术

在茶树树冠面上覆盖特定胶网（胶网网孔为方形）对名优绿茶机采鲜叶的品质有提升作用（图4-12）。与传统机采方式相比，覆网作业有助于嫩采，可提高鲜叶原料的利用率（表4-12、表4-13）。但网孔过小时无法起到该效果，且可能会对茶树芽梢生长产生副作用。

图4-12　小孔径覆盖网（左）和大孔径覆盖网（右）

表4-12　覆网式采摘对机采效果的影响　　　　　　　　　%

| 品种 | 处理方式 | 机采叶机械组成 | | | | | | | 完整率 |
		单芽	一芽一叶	一芽二叶	一芽三叶	单片	老叶	碎末	
龙井43	传统方式	10.1	24.9	20.6	8.3	29.1	3.5	3.5	55.6
	3.0胶网覆盖	8.0	26.9	25.4	–	36.9	–	2.8	60.3
	3.5胶网覆盖	10.2	22.8	34.8	–	30.4	–	1.8	67.8
中茶102	传统方式	8.5	5.6	24.8	1.1	32.6	2.4	5.0	58.9
	3.0胶网覆盖	8.3	16.9	37.9	–	35.0	–	1.9	63.1
	3.5胶网覆盖	7.7	24.8	34.4	–	31.4	–	1.7	66.9

注：1.机采装置采用便携式名优茶采摘机；2.试验茶园为绍兴御茶村茶业有限公司基地；3. 3.0胶网是指网孔边长为3.0cm的塑胶网，3.5胶网是指网孔边长为3.5cm的塑胶网；4.完整率是指单芽、一芽一叶、一芽二叶的机械组成总和。

表 4-13　覆网式采摘对机采叶产量的影响

品种	处理方式	单次机采平均产量 (kg/亩)	机采叶总产量 (kg/亩)	单次机采名优茶原料产量 (kg/亩)	机采叶中名优茶原料产量 (kg/亩)	实际采摘次数 (次)
龙井 43	传统方式	86.5±2.2	173±13	48.6±3.7	97±3	2
	3.0 胶网覆盖	53.1±2.8	160±4	32.9±2.9	99±3	3
	3.5 胶网覆盖	58.0±3.5	175±6	40.3±2.4	121±4	3
中茶 102	传统方式	67.1±3.0	135±7	40.9±2.0	82±6	2
	3.0 胶网覆盖	42.0±1.7	126±4	26.4±1.5	80±4	3
	3.5 胶网覆盖	49.0±2.4	146±3	33.3±1.4	100±7	3

注：采摘次数按夏秋茶试验中的采摘次数计。

（二）两段式机采技术

在一些树冠蓬面不平整的大宗茶机采茶园，为获得部分较好的机采鲜叶，可采用两段式机采技术。该技术是在树体上一芽三叶及对夹叶比例达到 60% 时，以名优绿茶的标准进行机采，然后以大宗茶的采摘方式将鲜叶全部采下，可获得最佳的综合经济效益。

（三）复合式采摘技术

针对多数茶叶企业既生产高档名茶，又生产优质茶、大宗茶的情况，可采用复合式采摘。春茶早期采用手工方式采摘，以单芽和一芽一叶嫩度鲜叶为主；春茶中后期采用名优茶的机采技术进行采摘，以获得一芽一叶至一芽二叶嫩度鲜叶为目的；夏秋茶可根据企业产品类型需要分别采用名优茶和大宗茶的机采技术进行采摘。在有条件的情况下，争取多采名优茶鲜叶原料，以增加经济效益。

鉴于当前我国绝大部分茶区尚未真正建立适宜名优茶机采的茶园面貌及成熟的机采模式，可以采用逐步推进的复合式采摘方法，即开始阶段以手采为主，机采为辅，在保证经济效益的前提下探索适合当地茶园、产品条件的复合式采摘方法，随后逐步向机采为主、手采为辅的方向转变，直至全部进行机械化采摘。

四、名优绿茶机采作业注意事项

名优茶机械化采摘是一个复杂的系统工程，除需要有一个理想的机采茶园、良好的机采设备、优秀的操作技术外，还应遵守以下技术要点和事项。

（一）针对不同树龄茶园应采用不同的机采方式

茶树树龄不同，所使用的机械化采摘技术也有所差异，在进行幼龄茶树的采摘时，应采用"采顶养边、采高养低、采密养稀"的原则。在正常肥水管理条件下，经过两次定型修剪，幼龄茶树在春茶后期树高可达45cm以上，经过第三次定型修剪，茶树高达60cm左右时，即可使用采茶机以"打顶留叶"的方法进行采摘，但应严格控制采摘高度。经过3次定型修剪和"打顶留叶"采摘后的幼龄茶树，在树高达60~80cm，树幅达130cm左右时，即可用采茶机进行采摘。

成龄茶树的机械化采摘，应坚持"以采为主、采留结合、及时开采、及时修剪"的原则，以"及时、分批、按标准采留"的方法进行机采。同样应根据茶树生长状况、季节及留叶要求严格控制采摘高度。

（二）机采茶园应注意留养作业

茶园长期进行机械化采摘，会降低茶树的叶层厚度，因此机采茶园应当合理留叶，掌握春茶留叶适当少，即采摘高度适当放低，夏茶期适当留1叶，秋茶期少采多留，即采摘高度适当放高一些，适当提前封园。每两年留养1次秋梢，确保机采茶园茶树叶层厚度达到10cm以上，叶面指数达到3~4。

（三）机采鲜叶需妥善收集和储运

传统机采作业时经常出现机采叶直接堆放地上、采用普通编织袋紧压堆放、鲜叶发热变质等不良现象。为获得优质的机采鲜叶，需积极提高机采工及相关人员的食品卫生意识，加强对机采鲜叶的质量管理：（1）鲜叶从采茶机集叶袋倒到地上时，地面要铺设专用编织布或采用盛装鲜叶的专门器具，如直径70cm、高90cm的竹筐，既可防止鲜叶因堆积过厚而产生劣变，又便于搬动运输。（2）机采鲜叶要尽量缩短储放时间，避免阳光直射，及时运送。（3）在鲜叶储运过程中要做到轻放、轻压，鲜叶进场后应及时薄摊等。

（四）操作期间应确保操作安全和机器维护

汽油机工作过程中每隔1~2h，往刀片注油孔中加注1次机油；每隔20h，在转动箱注油孔中加注1次高温黄油。作业中要特别注意人、机安全，换袋、出叶、调头、换行、间休等作业环节中，要关小油门，停止刀片运转。

第四节　机采茶园配套修剪操作技术

目前，机采茶园配套修剪主要采用单人修剪机、双人修剪机和茶树台刈机。机采树冠修剪机、茶树台刈机的前期准备与手采机前期准备工作基本一致，可以直接参考。

（一）单人修剪机

1. 主要用途

单人修剪机可以用来进行茶树的轻修剪、深修剪和修边，由一人手持作业。由于这种机型在任何角度下都能正常工作，故可对各种类型茶蓬进行各种形状的修剪。

2. 主要操作技术

（1）茶树蓬面修剪。根据茶树轻修剪、深修剪的不同需要，确定修剪高度。作业时，左手握汽油机侧的把手，右手握刀杆上的把手，面对茶蓬，先从身边茶行蓬面边沿向茶蓬中间剪出第一刀，接着则每刀从茶蓬中心剪至茶蓬边沿，一刀一刀前进，直至把一行茶树的半边茶蓬修完，回程再修剪茶蓬的另外半边。由于刀片后部装有导叶板，修剪时可操作修剪机将剪下的枝条直接抛入行间，修剪枝条较长时，则可配备专人将滞留在茶蓬上的枝条及时清理。

（2）修边。机手的两手分别握住汽油机侧的两个把手，刀片呈直立，前边稍向茶蓬边倾斜，随着手持机器在行间前进，一侧茶行一边的侧枝被剪除，回程则把另一边的侧枝剪除，使每个茶行中间留出一条约20cm宽的整齐通道（图4-13）。

图 4-13　单人修剪机作业

(二) 双人修剪机

1. 主要用途

双人茶树修剪机一般用来进行茶树的轻修剪和深修剪。由两人手抬跨行作业，来回两个行程完成一行茶树的修剪作业。一般由 3~4 人组成一个作业组，其中两人充当主、副机手。

2. 主要操作技术

根据茶树轻修剪、深修剪的不同需要，确定修剪高度。作业时，主、副机手将操作把手调整到自己操作最省力和方便的高度和角度。操作和行走方式与双人采茶机相似，主机手位于无汽油机一端，倒退行走，副机手位于汽油机一端，侧向前进行走。副机手同样比主机手行进要滞后 40~50cm，使机器与茶行轴线方向成约 60°的夹角。深修剪作业因枝条较粗，且木质坚硬，故作业行进速度相对要较慢，遇到较粗大坚硬枝条时，要及时放慢行进速度，适当加大油门，或瞬时暂停前进，并使机器稍做后退，再适当加大油门，继续行进修剪，以避免机器损坏。修剪后的机采茶园见图 4-14。

图 4-14 修剪后的机采茶园

(三) 茶树台刈机

1. 主要用途

圆盘式台刈机的结构比较特殊，主要用于已衰老茶树离地5~10cm 以上全部枝干的剪切，所修剪切割的枝条比重修剪更粗，木质也更为坚硬。其使用、操作技术也与其他形式修剪机有所不同。

2．主要操作技术

圆盘式茶树台刈机进行台刈作业时，操作者肩背汽油机，双手自然握紧装在加长管上的把手。启动汽油机，当油门开启到 1/3~1/2 开度，圆盘锯片则开始逆时针方向旋转，加大油门，由右向左移动锯片，实施对茶树枝干的切割，切割时要使圆盘锯片与地面基本保持平行。当遇到较粗的枝条时，应将锯片移动速度适当放慢。若发生枝条卡锯时，应关小油门，使锯片停止转动，将锯片抽出后再重新工作。作业时要配备一个辅助人员协助机手作业和清理剪下的茶树枝条，机手和辅助人员应注意配合默契，以免发生意外。

参考文献

曹挥华，聂樟清，朱运华，等. 2016. 名优茶机械化采摘技术研究进展 [J]. 蚕桑茶叶通讯，(1)：23-25.

段学艺，胡华健，朱强，等. 2013. "福鼎大白茶" 1 芽 2 叶茶青机采适期研究 [J]. 中国农学通报，29 (4)：145-147.

骆耀平，唐萌，蔡维秩，等. 2008. 名优茶机采适期的研究[J]. 茶叶科学，28 (1)：9-13.

骆耀平，宋婷婷，文东华，等. 2009. 茶树新梢节间与展叶角度生长变化及对名优茶机采的影响[J]. 浙江大学学报（农业与生命科学版），35 (4)：420-424.

石元值，吕闰强，方乾勇，等. 2010. 不同茶树品种实行优质绿茶机械化采摘的适应性比较 [J]. 中国茶叶，32 (11)：8-11.

石元值，吕闰强. 2011. 茶树树冠面覆网对提升名优茶机采效果初报 [J]. 中国茶叶，33 (2)：9-10.

唐萌. 2007. 茶园名优茶机械化采摘集成技术研究[D]. 杭州：浙江大学.

袁海波，鲁成银，毛祖法，等. 2008. 便携式名优茶采摘机采摘效果初步研究[J]. 中国茶叶，30 (11)：26-28.

郑乃辉，王振康，邬龄盛，等. 2011. 机械化采茶：破茶产业发展瓶颈[J]. 中国农村科技，(1)：64-65.

朱向阳. 2015. 茶叶机械化采摘技术的分析与探讨[J]. 农业开发与装备，(2)：87.

第五章　名优绿茶机采叶加工技术

茶鲜叶必须经过适度加工才能形成可消费的茶叶产品。长期的消费习惯导致国人对茶叶特别是我国名优绿茶色、香、味、形都有极高的要求，而精细的手采鲜叶和特色加工技术体系是形成这些品质的两大关键。当前选择式智能采茶机暂时无法获得重大突破，切割式采茶机采摘鲜叶质量与手工采摘鲜叶仍存在较大差异，若直接采用传统技术进行名优绿茶加工，产品必定无法达到品质标准和满足市场需求。因此，建立基于机采鲜叶的名优绿茶加工技术极为重要。

第一节　名优绿茶机采鲜叶品质特点与分类

当前产业化使用的采茶机械均采用往复切割式原理，其采摘的非选择性和茶树芽叶自身生长的不同步性必然造成机采鲜叶的不均匀性，故名优绿茶机采鲜叶与手工采摘鲜叶间必定存在较大的品质差异。

一、机采鲜叶品质特点

茶鲜叶的理化质量主要包括鲜叶嫩度、匀净度和新鲜度等几个方面，名优绿茶加工一般要求鲜叶原料新鲜度好，嫩度和匀净度高（图5-1）。目前我国采茶机械基本为切割式采摘方式，相对传统手工采摘鲜叶，切割式采茶机采摘的鲜叶具有机械损伤小、新鲜度好等优点，但存在单片多、嫩茎嫩梗甚至老梗老叶多和大小不一、匀净度差等突出缺点（图5-2）。具体有以下特点。

（一）机械损伤少，新鲜度好

嫩度较高的茶鲜叶极易受到外力作用而损伤，因此传统手工提倡"提手采"，以减轻手采对茶鲜叶的损伤。而随着采摘工素质和数量的下降，手工采摘鲜叶往往因为指掐、手捏、手抓等不正确采法而出现不同程度的机械损伤，从而使鲜叶质量下降。另外，手工采摘鲜叶在茶园或采摘过程中存放的时间

图 5-1　手采茶鲜叶　　　　　　　　图 5-2　机采茶鲜叶

往往较长，一般都在 3~5h，甚至 6h 以上，严重影响茶叶的新鲜度及均匀性。而应用切割式采茶机采摘，除了对芽叶切口部位有微小损伤外，其余部分损伤都极小。由于机采效率一般比手工采摘至少提高 5 倍以上，因而可以在一天中最适合采茶的时间内集中而快速地采摘和储运。因此机械采摘鲜叶的新鲜度要显著优于传统手工采摘的鲜叶。

(二) 芽叶大小不一、匀净度差

与其他木本植物一样，茶树芽叶生长存在绝对的不同步性，特别是众多有性系群体品种茶树的芽叶生长差异更明显。因此，目前切割式采茶机采摘的非选择性与茶树本身生长的不同步性必然造成采摘鲜叶的大小不一与老嫩不匀 (表 5-1)。另外，许多管理不够规范的茶园树冠中常常混合生长着较多的杂草等非茶植物，机械采摘往往会携带进这些非茶异物，造成茶鲜叶净度的明显下降。

表 5-1　名优茶机采茶园机采鲜叶的机械组成　　　　　　　　%

时间	鲜叶机械组成							完整率
	单芽	一芽一叶	一芽二叶	一芽三叶初展	老叶老梗	单片	碎末	
4 月 1 日	5.41	24.32	35.14	8.11	–	24.32	2.70	72.98
4 月 16 日	5.48	13.70	27.40	17.96	5.48	28.62	1.37	64.54
7 月 25 日	2.40	9.52	33.34	23.8	–	26.18	4.76	69.06
8 月 17 日	1.30	7.79	37.96	20.77	2.6	24.38	5.2	67.82
9 月 26 日	–	8.79	28.57	26.37	4.4	30.77	1.1	63.73

注：试验时间：2010 年；试验地点：浙江省奉化县条宅茶场基地；完整率是指单芽和一芽一叶至一芽三叶的组成总和。

(三) 单片、嫩茎嫩梗甚至老梗老叶多

农机与农艺融合是解决农业机械化生产的重要措施与途径，然而目前我国

大多数山区茶园的立地条件与种植模式复杂，尚难以较好地改造和构建出优秀的机采茶园树冠，能完全适合切割式采茶机采摘的茶园还较少。因此，不仅切割式采茶机的非选择性和树冠的不平整性会造成机采鲜叶单片多、碎片多，而且采摘时人为造成的采茶机作业不稳定和重复切割等问题，都会造成机采鲜叶中有较多的嫩茎嫩梗和夹带茶梗的现象，给传统初精制加工带来较大的困难。

二、机采鲜叶品质分级

茶鲜叶质量对名优绿茶的感官品质形成至关重要，为此国内名优绿茶区域公共品牌和知名企业品牌不仅要有产品标准，同时还要建立鲜叶品质等级质量标准。因此，构建机采鲜叶质量体系对完善名优绿茶机采叶加工技术和提升全程质量管理水平都有着重要作用。

（一）机采鲜叶品质基本要求

与手采鲜叶的基本要求相似，机采鲜叶一般要求外观色泽鲜绿，新鲜匀净，无劣变或异味，无夹杂物。同时，考虑到生产效率和实际意义，加工名优绿茶的鲜叶完整率一般应达到50%以上，且用于同批次加工的鲜叶等级应基本一致。

（二）机采鲜叶等级分类

传统手采鲜叶质量一般以鲜叶的"嫩度""匀度""净度"和"新鲜度"等理化品质进行表征，其中净度和新鲜度是茶鲜叶品质的基础和前提，而鲜叶的嫩度和匀度直接关系到鲜叶的质量等级，目前绝大多数名优绿茶的鲜叶标准均采用嫩度与匀度相结合的综合指标进行划分。而机采鲜叶在鲜叶大小匀度、老嫩度和单片、碎片、茎梗等非完整芽叶组成方面与传统手工采摘鲜叶存在较大差异，故机采鲜叶品质等级无法完全沿用手工鲜叶品质标准进行划分。为了更为科学地指导机采鲜叶的名优茶生产与加工，需要对名优茶机采鲜叶的要求及其品质等级标准进行科学规范。

目前我国传统名优绿茶的鲜叶质量一般要求嫩度不低于一芽三叶，且一芽一叶至一芽三叶的比例是衡量传统名优绿茶鲜叶质量的重要指标。生产实践表明，当前我国机采茶园所采的优质鲜叶以一芽一叶至一芽四叶为主，尤以一芽二三叶左右鲜叶所占比例最大。综合我国不同面貌机采茶园和采摘技术水平获得鲜叶质量的分析结果，现将机采鲜叶分为以下4个等级：A类是茶园面貌好、采摘技术水平高的基地机采下的鲜叶，目前国内这类企业或茶园基地相对较少；B类是茶园面貌较好和采摘技术水平较高的基地机采下的鲜叶，目前国内有部分企业可以达到；C类和D类是目前我国多数大宗茶机采茶园生产的鲜叶，其中D类鲜叶品质最差，即使采用后期的特殊加工处理，效率也较低，因此一般不适合加工名优绿茶，以加工大宗茶为主。具体要求参见表 5-2。

表 5-2 切割式采茶机机采鲜叶原料品质等级分档质量指标

等级	质量要求
A 级	一芽一叶至一芽三叶（或同等嫩度对夹叶）占 65%以上，一芽四叶及以上芽叶（或同等嫩度对夹叶）占比小于 10 %，芽叶大小较匀整。
B 级	一芽一叶至一芽三叶（或同等嫩度对夹叶）占 50%以上，一芽四叶及以上芽叶（或同等嫩度对夹叶）占比小于 20%。
C 级	一芽一叶至一芽三叶（或同等嫩度对夹叶）占 35%以上。
D 级	一芽一叶至一芽三叶（或同等嫩度对夹叶）占 35%以下。

不同名优绿茶机采叶加工技术可以根据产品的特殊要求，在此基础上进一步进行细分和规范对鲜叶的要求。比如，A 级根据芽叶大小分布，可进一步分为 A1、A2 等。

第二节 机采叶加工名优绿茶主要分级技术

我国传统名优绿茶加工技术体系是以手采鲜叶为基础构建起来的，目前切割式机采鲜叶与手采鲜叶在嫩度和匀净度等方面均存在明显差异，无法达到传统茶及其加工技术的要求，必须系统配套和衔接鲜叶分级、在制品分级和成品分级整理等相关分级处理技术，才能较好地解决这个问题。

一、机采鲜叶分级处理技术

机采鲜叶分级处理是指采用特定技术去除机采鲜叶中的嫩梗、老叶、碎片、碎叶等不完整芽叶，并分出若干个大小不同档次，以提高芽叶完整度和均匀度的过程。一般在鲜叶质量不能满足名优绿茶加工工艺和设备的要求，或要求应用机采茶鲜叶加工出品质更好的名优绿茶产品时，常需要进行机采鲜叶的分级处理。目前鲜叶分级技术主要采用筛分、风选等物理分级原理，另外，机采鲜叶的光电色选等新技术也在积极地研究中。

（一）筛分分级技术及装备

鲜叶筛分分级技术主要依据物理大小分级原理，采用大小不同的筛网孔径组合对鲜叶大小进行逐级分级。目前主要有锥形滚筒式鲜叶分级机、抖抛式鲜叶分级机等设备。

1. 锥形滚筒式鲜叶分级机

锥形滚筒式鲜叶分级机是通过一个由不同大小孔径组合而成的锥形滚筒旋转而实现机采鲜叶逐级分离的设备，目前锥形滚筒多以竹质材料加工而成（图5-3）。主要机构一般由进料漏斗、锥形滚筒筛、接茶斗、传动机构和机架等几个部件组成，具有设备简单、价格便宜、使用方便等优点，分级效果良好（表5-3），但存在功效低、鲜叶易受损、红变等缺点。一般在小型茶企或农户中用于少量鲜叶的简单分级，且需及时加工处理。

图5-3 竹编锥形滚筒式鲜叶分级机

表5-3 锥形滚筒式鲜叶分级机分级效果 ％

处理	总占比	单芽	一芽一叶	一芽二叶	一芽三叶	老叶	单片	碎末
分级前	–	5.84	26.44	33.15	9.77	3.04	19.52	2.24
出口1	8.77	34.09	11.36	–	–	–	–	54.55
出口2	29.47	6.99	43.46	11.19	–	0.7	37.76	–
出口3	61.77	–	19.25	42.86	8.07	5.59	24.22	–

2. 抖抛式鲜叶分级机

抖抛式鲜叶分级机是近年来研制和发展起来的一种新型的鲜叶分级机，主要通过具不同筛孔组合的平面筛板进行抖抛运动而实现鲜叶逐级分级的设备，目前主要包括多层平面抖抛式和单层抖抛式两种形式。该类分级机一般由进料口、多层或单层筛孔组合筛板、多级收集机构、传动系统、电动机和机架等组成，具有分级效果好、鲜叶损伤小、功效高、使用方便、可连续化生产等优点，但价格明显高于锥形滚筒式鲜叶分级机。

YJY-2 型鲜叶分级机（图 5-4）是一种典型的单层抖抛式鲜叶分级机。图 5-5 是采用该分级机处理机采鲜叶后 4 个出口从大到小的鲜叶样照。从图中可以看出，第一出口主要是细小单芽和碎片，第二、第三、第四出口的鲜叶按大小得到较好的分档。

图 5-4　YJY-2 型抖抛式鲜叶分级机

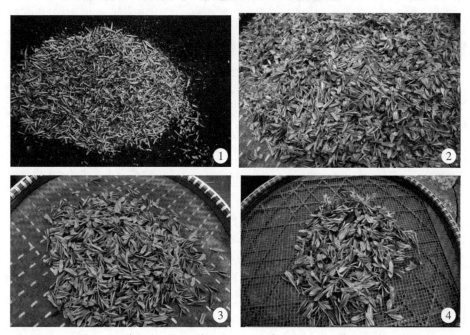

注：1-第一出口　2-第二出口　3-第三出口　4-第四出口

图 5-5　机采叶筛分后样品

　　表5-4和表5-5是单层抖抛式鲜叶分级机不同筛板孔径组合及其鲜叶分级效果。从表中可以进一步看出，机采鲜叶的机械组成分布较为平均，但经过分级机分级后，各口的鲜叶机械组成发生极大的变化，出口一以碎片、碎芽为主（占比72.04%~75.95%），出口二以单芽至一芽一叶为主，出口三以一芽二叶为主（64.32%~68.40%），出口四以一芽三叶及以上鲜叶为主（73.03%~81.55%）。这说明该分级机不仅可以较好地将机采鲜叶进行分级和分档。同时，还可以通过置换不同的筛板组合方式来实现对不同鲜叶机械组成和不同加工产品的需要。

表5-4　鲜叶分级机不同筛板组合

组合	筛板1	筛板2	筛板3
组合1	圆孔（D=0.6cm）	椭圆孔（a=1.8cm, b=2.2cm）	圆孔（D=2.6cm）
组合2	圆孔（D=0.6cm）	椭圆孔（a=1.8cm, b=2.2cm）	椭圆孔（a=2.4cm, b=2.8cm）
组合3	椭圆孔（a=0.6cm, b=2.0cm）	圆孔（D=2.0cm）	圆孔（D=2.6cm）
组合4	椭圆孔（a=0.6cm, b=2.0cm）	圆孔（D=2.0cm）	椭圆孔（a=2.4cm, b=2.8cm）

注：D：圆孔直径，a：椭圆形短半轴，b：椭圆形长半轴。

表5-5　不同筛板组合分级效果比较　　　　　　　　　　%

处理		单片、碎片	单芽、一芽一叶	一芽二叶	一芽三叶及以上
组合1	出口一	72.51±5.11	15.09±1.14	7.38±0.36	5.03±0.32
	出口二	5.31±0.49	67.73±3.23	13.17±1.12	13.79±1.16
	出口三	2.22±0.27	18.25±2.15	67.38±3.24	12.14±1.19
	出口四	0.51±0.12	4.46±0.33	15.49±1.22	79.53±6.34
组合2	出口一	72.04±4.44	14.99±1.12	8.22±0.82	4.75±0.46
	出口二	5.19±0.52	66.24±5.12	15.38±1.32	13.19±1.72
	出口三	2.45±0.31	20.12±2.83	62.32±5.65	15.10±1.67
	出口四	0.48±0.10	4.16±0.69	22.33±1.98	73.03±8.24
组合3	出口一	75.95±7.28	11.75±1.56	7.32±0.84	4.99±0.15
	出口二	3.85±0.33	70.44±6.23	13.75±1.33	11.97±1.36
	出口三	1.45±0.21	16.42±1.34	68.40±6.15	13.74±1.42
	出口四	0.53±0.09	2.60±0.46	15.32±1.42	81.55±9.16
组合4	出口一	75.46±5.34	11.67±1.31	8.15±0.92	4.72±0.38
	出口二	3.82±0.28	70.01±6.45	14.09±2.22	12.09±1.02
	出口三	1.62±1.01	18.36±2.07	64.42±7.35	15.61±2.09
	出口四	0.49±0.13	2.37±0.84	22.75±3.46	74.39±4.82
分级前		20.19±0.97	26.07±1.15	26.56±1.78	27.18±3.29

（二）风选分级技术及设备

鲜叶风选分级技术主要是利用不同速度、方向的空气流动，对轻重或外形属性差异较大的鲜叶尤其是一些单片进行分离的技术。鲜叶风选分级设备主要包括各种不同的风选机（图5-6），送风式茶叶风力选别机主要由上叶输送装置、送风装置、喂料装置、分茶箱等部件构成，具有使用简单、设备投资低、对鲜叶无损等优点。

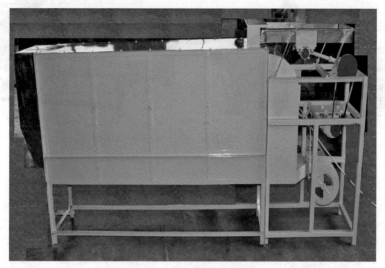

图 5-6　送风式茶叶风选机

与手工鲜叶比较，机采鲜叶中碎片和单片等不完全叶片较多，直接影响茶鲜叶的整体品质情况。鲜叶筛分技术可以去除碎片和大片，但无法去除与鲜叶大小一致的单片，而风选技术可以部分解决这些问题。但由于不同大小鲜叶、完整叶和单片叶间在轻重属性上存在重叠，对复杂的机采鲜叶直接进行风选分级，效果不显著。如果在筛分完成大小分离的基础上，对大小基本一致的芽叶和单片进行分离效果会较好。因此风选技术配合筛分技术进行联合分离效果较好。

二、在制品茶分级提质技术

在制品分级是指名优绿茶杀青、揉捻（做形）、初干和足干等加工过程中对在制叶进行分级处理的过程，其技术在名优绿茶传统加工中已普遍应用。机采鲜叶因完整度、匀净度较手采鲜叶差，更需在加工过程中对在制品进行系统的分级处理，以进一步提高成品茶的品质。机采鲜叶加工中在制品分级方法主要有筛选技术和风选技术等。

(一) 筛选

机采叶在制品分级所使用的筛选设备主要有平面圆筛机和茶叶抖筛机，一般可以在名优绿茶加工各工序间使用。如通过筛分去除碎末片，使用平面筛分机筛分出在制品茶的长短，使用茶叶抖筛机割除碎末，分出在制品茶的粗细 (图5-7)。

图5-7　茶叶平面圆筛机 (左) 和茶叶抖筛机 (右)

(二) 风选

机采叶在制品分级加工所使用的风选设备主要是不同类型的茶叶风选机 (图5-8)。风选不仅可以去除茶叶黄片和老片，而且可以按在制品茶的轻重物理特性分出等级。在传统名优绿茶加工中，有不少小企业常采用电风扇等简单设备去除黄叶和老片，提高在制品茶叶品质。这些方法，在机采叶加工

图5-8　茶叶的风力去片

名优绿茶中可以更多地加以使用。

不同品类名优绿茶在分级工序和分级处理技术的选择上也不尽相同。如机采鲜叶加工的卷曲形、颗粒形和毛峰形（条形）名优绿茶，在杀青之后可采用风选去除黄片和老片，在初干后采用筛选或结合风选技术对茶叶的大小进行分档和分级，进一步去除老片和黄片；扁形名优茶一般在理条杀青或青锅初步造型后进行筛选和风选，分出大小，去除老片和黄片。

三、成品茶分级整理技术

通过鲜叶和在制品分级处理，机采鲜叶加工的名优绿茶产品品质可以获得明显提高，但多数情况下其品质特别是外形形状、大小以及匀净度等外观品质与传统手采叶加工出的成品茶仍可能存在较大差异，黄片、碎片和老梗等含量较高，仍需要通过成品干茶的分级整理，进一步提高产品品质，以达到名优绿茶品质的要求。

机采叶名优绿茶成品茶的分级整理技术主要有物理机械筛分、光电选别分级两大类。机械物理筛分主要采用圆筛机、抖筛机和风选机等传统设备，对名优绿茶的长短、粗细和轻重进行分级、整理，提高名优绿茶品质，这些技术在传统手采叶名优绿茶成品茶的后处理加工过程中使用已较为成熟，完全可以借鉴。光电选别技术主要采用茶叶色选机、静电拣梗机、光电拣梗机等设备，去除茶叶中的老梗和黄片，提高茶叶外观、色泽的均匀度。其中色选机是近些年发展起来的一种新技术，主要利用茶叶中茶梗、黄片与正品茶叶的颜色和光学特性上的差异，通过高清晰的 CCD 光学传感器识别和处理，将茶梗、黄片从正品茶中自动分拣出来，从而实现茶叶的分级和精选。

第三节　机采鲜叶主要适制茶类与加工模式

茶叶外形是我国名优绿茶重要的品质特征和产品指标要求，不同外形名优绿茶对鲜叶嫩度和匀净度的要求明显不同。因此机采叶是否可用于某类名优绿茶加工，与机采叶对该类名优绿茶的适制性直接相关。

一、机采鲜叶适制茶类的发展

20 世纪 90 年代，在农业部农业司牵头成立的全国机械化采茶协作组的联合攻关下，经过国外采茶机和茶树修剪机系统的引进、消化和吸收工作，我国建立了一套机采鲜叶加工蒸青绿茶、长炒青、圆炒青等大宗绿茶和乌龙茶、黑茶等边销茶产品的技术模式，采用规范技术生产出的大宗茶叶品质，与传统手采鲜叶加工出的成品茶品质相近。但我国名优绿茶加工对鲜叶的嫩度和匀净度等要求明显高于大宗茶，目前使用的切割式采摘机所采摘的鲜叶与手采叶仍存在较大差距，原有的技术体系无法直接套用。近些年来通过机采鲜叶品质的提高和加工配套技术上的突破，部分名优绿茶品类的机采机制技术才得以实现。

二、不同类型名优绿茶对鲜叶质量的要求

我国的名优绿茶类型繁多，不同类型的名优绿茶对鲜叶的要求也不一样。

(一) 主要名优绿茶类型

茶叶外形是我国名优绿茶的重要特征与分类依据。按加工工艺和外形分类，我国名优绿茶主要包括基于烘干为主的烘青、毛峰形茶等和基于炒干而成形的圆炒青、长炒青、扁炒青、特种炒青等两大类产品，主要包括芽形、针形、卷曲形、颗粒形、毛峰形 (条形)、扁形等不同外形产品，而依据原料嫩度不同，又可分为不同级别的名优绿茶。

(二) 名优绿茶对鲜叶品质的要求

我国名优绿茶是花色品种特别是外形品质特色最多、最广的一类茶。这些不同外形品类名优绿茶对鲜叶的嫩度和匀净度要求是明显不同的。

1. 鲜叶要求极高的名优绿茶

主要包括芽形绿茶和高档的扁形绿茶、针形绿茶及毛峰形绿茶(图 5-9)。一般鲜叶嫩度要求单芽或一芽一叶初展，并有极好的均匀性，无单片和碎片。

图 5-9　扁形绿茶 (左) 和芽形绿茶 (右)

2. 鲜叶要求较高的名优绿茶

主要包括中高档针形绿茶、毛峰茶、扁形绿茶，以及高档的卷曲形、颗

粒形、条形绿茶（图5-10）。一般鲜叶嫩度要求一芽一叶至一芽二叶，并有较好的均匀性，单片和碎片较少。

图5-10　针形绿茶（左）和毛峰茶（右）

3．鲜叶要求不高的名优绿茶

包括中低档毛峰茶、扁形绿茶，以及普通的卷曲形、颗粒形、条形名优绿茶（图5-11）。一般鲜叶嫩度要求以一芽二叶至一芽三四叶为主，均匀性要求较低，允许少量单片、碎片的存在。

图5-11　勾青绿茶（左）和炒青茶（右）

三、切割式机采鲜叶主要适制名优绿茶品类

目前切割式采茶机所采鲜叶的完整率一般不超过75%，且具有较多的单片和碎片，芽叶大小多集中在一芽一叶至一芽四五叶，经过分级等技术处理后，鲜叶嫩度主要为一芽二叶至一芽三四叶，鲜叶完整率一般可以达到80%以上，碎片基本可去除，仍存在较多的单片。机采鲜叶的名优绿茶适制性应根据不同名优绿茶类型的品质特点、加工要求，结合不同名优绿茶品类对鲜叶质量的不同需要具体确定。

(一) 适制茶类

一般来说，切割式机采叶适制的名优绿茶类型为中高档以下的卷曲形、颗粒形、条形绿茶，以及中低档毛峰茶、扁形绿茶等（图5-12）。这些类型的名优茶对鲜叶嫩度的要求相对较低，且多数主要采用滚筒杀青和揉捻做形方式，可以在加工过程中较好地去除单片和老黄片。高质量的机采鲜叶或较高质量的机采鲜叶经过后期分级处理后，完全可以达到要求。实际应用表明，勾青、高档香茶等名优绿茶是机采鲜叶最适制加工的茶类。

图 5-12　机采扁形茶（左）和毛峰茶（右）

(二) 较适制茶类

机采叶较适合加工的名优绿茶类型主要为中高档毛峰茶，以及高档的卷曲形、颗粒形、条形绿茶（图5-13）。虽然这些类型的名优茶对鲜叶嫩度有较高的要求，但高质量的机采鲜叶配合分级加工技术处理后可以达到加工这类茶的要求。

图 5-13　机采勾青茶（左）和长炒青（右）

（三）不适制茶类

目前机采叶不适合的名优绿茶类型主要为芽形绿茶和高档的扁形绿茶、针形绿茶及毛峰绿茶等。因为这些类型的名优茶一般要求以单芽或一芽一叶初展的鲜叶为原料，并要求有极好的均匀性，无单片和碎片，所以目前切割式机采鲜叶暂时无法加工此类名优绿茶。

四、机采鲜叶分级分类加工名优绿茶的主要模式

（一）分级分类加工是实现机采机制的主要技术路径

我国千差万别的茶园条件，通过选择性的手采和特色化加工技术的有机结合，生产出了多样性的特色名优茶产品，形成了我国名优绿茶加工技术体系。而目前我国大多数茶园的机采水平仍较低，机采鲜叶的嫩度、完整度、匀净度都达不到多数名优绿茶加工的要求。只有通过选择性智能机采设备的突破，或者通过集成技术创新，将机采鲜叶与传统加工技术进行有机衔接，形成名优绿茶分级分类加工技术体系等二种技术路径才能实现。从目前来看，后者是最为可能的技术路径。因此，在通过改善机采茶园园相和机采设备来不断提高机采鲜叶质量的同时，可以通过分级分类加工技术，有机对接传统工艺，来改进和实现我国部分名优绿茶的机采机制。

（二）名优绿茶机采叶分级分类加工模式

名优绿茶机采叶分级分类加工主要有鲜叶分级、在制品分级和成品分级等技术方法。其中鲜叶分级和成品色选分级技术在机采叶分级分类加工模式中具有重要作用。

1. 机采鲜叶分级分类加工模式

机采鲜叶通过不同分级处理后可以分类加工成不同的产品。表5-6是浙江省十县五十万亩成果转化工程项目中不同基地机采鲜叶采用 YJY-2 型鲜叶分级机处理后，不同出口鲜叶分级分类加工产品模式表。从表中可以看出，除出口一基本弃用外，其他出口鲜叶均可以加工成相应的成品茶，其中出口二和出口三的鲜叶可以加工成不同档次和外形的名优绿茶。对这些不同基地机采鲜叶特点和分级分类加工的产品类型进行分析，主要有以下 3 种典型的机采叶分级分类加工模式。

（1）提档加工模式。我国不同类型和级别的名优绿茶大都有自己的鲜叶要求。机采鲜叶加工名优绿茶时经常会遇到鲜叶的均匀性差等原因导致无法加工某类名优绿茶，或者只能加工成品级别较差的产品等情况。因此，需要通过鲜叶分级提高鲜叶品质，以适应名优绿茶的加工要求或提高产品档次。

表 5-6　名优绿茶机采鲜叶分级分类加工产品模式

序号	分级处理	分级叶主体组成	适制茶类	典型产品
1	一级筛板（孔径推荐 6~10mm）下叶	单芽及细小碎片	少量可制作芽茶，碎片弃之不用	—
2	二级筛板（孔径推荐 20~24mm）下叶	一芽一叶至一芽二叶初展	卷曲形高档绿茶	奉化曲毫茶 羊岩勾青茶 平水日铸茶
			中高档毛峰	汤记高山茶 径山茶 泰龙毛峰
3	三级筛板（孔径推荐 24~30mm）下叶	一芽二叶为主	卷曲形优质绿茶	奉化弥勒禅茶
			优质香茶	磐安依山牌香茶 高级松阳香茶
			优质毛峰	磐安云峰茶
4	由分筛机末端下叶	一芽三叶及以上	香茶	泰顺三杯香 松阳香茶

比如当多数机采鲜叶品质尚可，可以加工某类名优绿茶产品，但因为存在少量大叶老叶，影响合格产品的加工时，就可以通过鲜叶分级去除这些大叶，加以解决。

（2）分级加工模式。有些机采鲜叶的均匀性较差，虽然可以勉强加工成某些低档名优绿茶产品，但由于受杀青、揉捻（做形）工艺难以掌握的影响，无法最大程度地体现产品品质和效益。通过鲜叶分级可以提高鲜叶的品质和均匀性，更方便加工工艺的精准化控制，提高产品的品质。比如多数 C 类鲜叶嫩度不高、均匀性较差，无法实现精准加工，一般只能生产出中低档勾青或香茶产品，通过鲜叶分级可以将均匀性较差的鲜叶分割成两类均匀性相对较好的鲜叶，分类加工将更利于加工工艺的掌控，分别加工出品质更优的不同等级产品。

（3）组合加工模式。有些机采鲜叶分级后，不仅可以提高鲜叶均匀度，还可以获得部分嫩度较高的鲜叶，加工出效益更好的名优绿茶产品，与剩余鲜叶加工的产品形成组合加工的模式，以实现机采鲜叶效益的最大化。如有些做香茶的机采鲜叶，鲜叶分级后可以分离出部分达到加工毛峰茶或功夫红茶的要求、嫩度和均匀度都较好的鲜叶，通过毛峰茶或功夫红茶/香茶组合加工可以实现效益的显著提高。

2．在制品和成品分级分类加工模式

在鲜叶不影响所制茶类产品杀青效果的前提下，按传统加工方法或配合传统的筛分、风选等物理方法将在制品进行分级分类加工成成品茶，然后采用色选机等进行分级和精选，可以较好地解决机采鲜叶加工部分名优绿茶时大小不一、黄片多等问题。如浙江宁波、绍兴、丽水等地机采鲜叶加工勾青茶、松阳香茶等产品时，形成了传统工艺—在制品物理分级—成品色选精制的加工模式，已形成规模化生产。

第四节　典型名优绿茶机采鲜叶初制加工技术

大多数为卷曲形（或颗粒形）、长条形，以及中低档毛峰形和扁形名优绿茶是最适合机采鲜叶加工的品类。下面分别就卷曲形（颗粒形）、长条形（长炒青）、毛峰形和扁形4类不同典型外形的机采名优绿茶加工技术进行详细介绍。

一、卷曲形名优绿茶机采鲜叶初制加工技术

卷曲形或颗粒形名优茶具有卷曲成螺或呈腰圆、圆形外观特征，是我国一种重要的名优绿茶类型，也是机采叶较为适合加工的一种名优绿茶类型。其中腰圆形的勾青茶是最具代表性的一类产品，下面以勾青茶为例，介绍机采卷曲形（颗粒形）名优绿茶加工技术。

（一）勾青茶的品质特征

勾青茶具有腰圆形外观特征，不仅具有外形条索紧实、色泽翠绿鲜嫩，香高持久，滋味醇爽，汤色清澈明亮，叶底细嫩成朵等优秀的品质特征，而且耐冲泡、耐贮藏、便于包装，产品价格实惠，一般对鲜叶要求不苛刻，近些年来在各地茶区发展较快。

（二）勾青茶对机采鲜叶的基本要求与处理方法

1. 机采鲜叶基本要求

勾青茶外观呈腰圆形或圆形，一般是揉捻叶在曲毫机炒制部件的外力作用下卷曲成形的。一般较嫩的芽叶、对夹叶、单片等鲜叶均可成形，因此勾青茶对鲜叶的嫩度和完整度要求相对不高，非常适合机采鲜叶的加工。为保证茶叶加工品质和加工效率，应尽量提高机采鲜叶的完整度和嫩度，一般情况下，加工勾青茶的机采鲜叶级别应该达到 C 类（表 5–2）以上。考虑到目前勾青茶加工工艺和设备无法处理连带老叶、老梗的机采鲜叶，应避免此类鲜叶。

2．分级处理方法

根据机采鲜叶品质分类，A类和B类（表5-2）机采鲜叶一般可以直接加工匀青茶，C类机采鲜叶建议采用分级处理后再进行加工。当然，对产品品质要求较高或鲜叶均匀性差异确实较大的都应该进行分级处理。A类、B类匀青茶机采鲜叶分级的重点是去除碎末茶和过大的芽叶和老叶，当C类机采鲜叶芽叶均匀度差异超过杀青允许范围或者是影响后续揉捻做形的还需要实施分级分类加工。

具体的分级设备及应用技术参数对鲜叶分级的效果影响较大，以YJY-2抖抛式分级机进行鲜叶分级为例，应重点明确筛孔配置、投叶量和振动频率等3个技术参数。

（1）筛孔配置。可采用一级筛板为5mm×20mm的长方形网孔，用以割去碎末，三级筛板可采用26~30mm大网孔，用于去除大叶。对于加工品质要求较高的匀青茶产品，可以对二级筛板网孔（20~24mm）的孔上和孔下鲜叶分别加工，而一般产品可混合加工（表5-7、图5-14）。三级筛板孔面上鲜叶数量较少的可以通过切断，归堆同时加工，如果数量较多可考虑单独加工。另外，雨水叶应该先去除水分，再进行分级处理。

（2）鲜叶投入量。投叶量不能太多，一般以单层铺满分级筛板为度，过多会影响分级的效果，过少会降低分级效率。

表5-7　抖抛式鲜叶分级机筛孔常用配置参数　　　　　　　　mm

鲜叶级别	一级筛板 （椭圆形孔，长×宽）	二级筛板 （圆孔，直径）	三级筛板 （圆孔，直径）
B类机采鲜叶	20×5	20~22	26~30
C类机采鲜叶	20×5	20~24	24~28

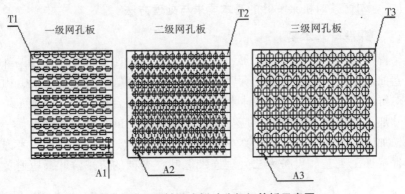

图5-14　平面抖抛式鲜叶分级机筛板示意图

（3）振动频率。抖抛式鲜叶分级机振动频率对分级和鲜叶流动也有一定的影响。图 5-15 和表 5-8 是 3 种振动频率下 YJY-2 型鲜叶分级机每个出叶口的鲜叶机械组成和作业效果的比较结果。从中可以看出，不同频率下一芽三叶以上嫩度鲜叶分级效果存在显著差异，以 50Hz 分级样的比例显著高于40Hz 处理。分级作业时振动频率较低，鲜叶在筛板上"流动"较慢，易出现筛板"挂叶"现象，不仅影响分级作业效率，而且因"挂叶"堵住筛孔导致分级效果减弱；振动频率过高，虽然作业效率高、流畅性好，但因鲜叶"流动"速率快，会使部分鲜叶来不及从筛孔掉落而又被抛振出去，同样降低分级效果，同时振动频率高容易形成筛板共振，造成凸轮轴承的断裂。从试验结果看，振动频率选用 50Hz 较为适宜。

另外，如果机采鲜叶数量较多，一时无法及时进行分级处理的，应该设置一定的贮青暂存间以及相应的设施，如贮青槽或贮青机。

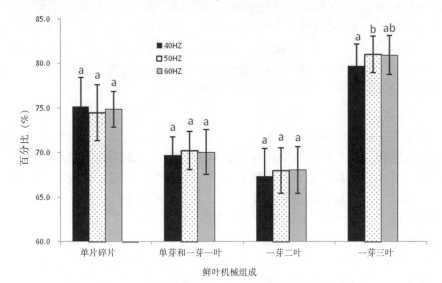

图 5-15　抖抛式鲜叶分级机不同频率作业鲜叶机械组成

表 5-8　抖抛式鲜叶分级机 3 种振动频率作业效果比较

振动频率 （Hz）	工效（以鲜叶计） （kg/h）	作业流畅度	备注
40	156	有挂叶现象，流畅度较差	作业时声音较小
50	170	少量挂叶，较流畅	作业时声音较小
60	182	流畅，无挂叶	声音较大，易产生共振， 对轴承造成伤害

注：投叶通过输送带和投料斗自动完成。

(三) 勾青茶机采鲜叶加工工艺

机采鲜叶加工勾青茶工艺流程为：摊放→杀青→去片与回潮→揉捻去杂→毛火→摊凉回潮→炒制做形→足火提香→整理。

1. 摊放

摊放是勾青茶热加工前调整鲜叶理化品质的一道重要工序，不仅可以改善鲜叶中的风味物质构成，而且可以降低水分、软化叶质，便于后序的加工。

机采鲜叶摊放与传统方法基本一样，摊放环境应选择清洁卫生、阴凉、无异味、空气流通、不受阳光直射的场地。机采鲜叶分级或去除碎末后应及时分类摊放，摊放应使用竹匾、篾垫等专用工具或摊放槽、摊放机等专用设施，数量高时还可以借用贮青槽等设施。摊放工艺与传统手采鲜叶基本相同，不同品种、不同采摘时间、不同级别鲜叶，以及雨水叶与晴天叶应分开摊放。摊放厚度5~10cm，分级后差异较大的鲜叶分别摊放，嫩叶薄摊、老叶厚摊；雨水叶应薄摊，并通风散热。摊放时间因叶因时而定，由于机采鲜叶的新鲜度好于手采鲜叶，时间需较同等手采鲜叶的传统工艺略长，一般为6~12h，以叶色变暗、叶质柔软、露清香、含水量 为70%左右为宜。摊放过程中要适当翻叶，翻叶时应轻翻、翻匀，减少机械损伤。

2. 杀青

与手工采摘鲜叶相比，机采鲜叶一般产量大、匀度较差。因此，一般应选用中大型滚筒杀青机 (或热风杀青机) 进行杀青，杀得透、杀得匀。为提高机采鲜叶杀青的均匀性，可选用具有高、中、低三段温度自控系统的电磁滚筒杀青机，可以较好地适应老嫩和大小不一的机采鲜叶。另外，对品质要求高的产品，分级后的鲜叶应分别进行杀青。

具体杀青工艺参数与传统工艺基本相似。杀青时，先开动机器运转，同时加热，在机器前段筒壁温度升至260~280℃时均匀投叶，开始投叶量稍多，以防少量青叶落锅后成焦叶，产生爆点，之后均匀投叶。6CS-60 型滚筒杀青机每小时投叶 50~60kg，6CS-70 型每小时投叶 60~80kg，6CS-80 型每小时投叶 80~100kg，6CS-90 型每小时投叶 150~200kg。在杀青过程中，应开启排湿装置或使用风扇、鼓风机等辅助排湿，出叶后及时摊凉，防止堆积闷黄。以叶色转暗绿，手握叶质柔软，青气消失，散发出良好的茶香，杀青叶含水率为55%~60%，无红梗红叶、焦叶、爆点为杀青适度。

3. 风力去片和摊凉回潮

单片多是机采鲜叶的一大特点，因此，杀青叶下机后应采用风扇或专用风力分选机等装置与设备去除单片，可通过风力大小和方向的调节，去除杀青叶中的黄片、老片和碎叶片，同时降低杀青叶的温度。之后使用竹匾、篾垫或专用设施对杀青叶进行摊凉，一般时间为 20min，至叶温降到常温即可。充分摊凉后的杀青叶应进行堆放回潮，回潮时间略长于传统手采鲜叶，一般 60~90min。至茶茎与叶片中的水分分布基本均匀，手捏茶叶成团不刺手为回潮适度。

4．揉捻和解块去杂

揉捻是勾青茶的初步做形工序，考虑到机采鲜叶大都比传统手采鲜叶的嫩度和匀度都较差，故一般应选用中型以上揉捻机进行做形，而分级后较嫩鲜叶可借鉴传统工艺。杀青叶经摊凉回潮后应及时进行揉捻，工艺参数掌握与常规手采鲜叶基本相似。根据机型大小、叶质老嫩决定投叶量，6CR-45 型揉捻机每筒投杀青叶 30~35kg，6CR-55 型揉捻机每筒投杀青叶 45~50kg。采用中压长揉方式，加压应遵循"先轻后重、逐步加压、轻重交替、最后松压"的原则。揉捻叶成条率达到 70% 以上为适度，揉捻时间一般为 60~120min，具体根据原料叶嫩度不同而确定。揉捻叶下机后应及时解块。由于机采鲜叶中老片、黄片甚至老梗、老叶含量较多，这些叶片在揉捻中容易破碎，产生较多的碎末片茶。为了减少这些碎末片茶在后续工作中对茶叶品质的影响，需要采用分筛机去除。

5．毛火（烘二青）

与传统工艺基本一致，一般采用热风烘干机进行初步烘干，以薄摊快烘为主。摊叶厚度较传统工艺适当增加，一般为 3~5cm，初烘温度为 110~120℃，初烘时间为 10~15min，烘至含水量为 30%~40%，手捏茶有扎手感即可。二青叶烘干时，要求烘干机温度均匀、热效率高，茶叶失水均匀。对于因差异较大而分级的鲜叶加工的揉捻叶应分别烘干，嫩叶薄摊，老叶厚摊。

6．摊凉回潮

二青叶出叶后要及时摊凉。由于机采鲜叶的匀度较差，毛火初烘后的茶叶水分差异也会较手采鲜叶大，体型较小的叶片有可能比较干燥，直接做形会导致产生碎片，因此必须进行充分的摊凉回潮，均匀水分。一般使用摊凉平台、回潮机等专用设备或竹匾、篾垫等传统工具进行摊凉，时间略长于同等嫩度的手采鲜叶，摊凉回潮时间为 60~120min，至手捏茶叶基本回软，稍有触手感为宜。对品质要求较高的产品，可以对二青叶筛分后分别加工。

7．炒制做形

一般采用曲毫炒干机进行炒制，工艺参数与传统手采鲜叶基本一致。首先是初炒，茶叶投满炒手板上部锅体 3/5 位置，锅体温度为 80~100℃，初炒时间为 90~100min，炒至含水量为 12%~15% 为宜。然后进行摊凉拼堆。采用摊凉平台、回潮机等专用设备或竹匾、篾垫等传统工具进行摊凉拼堆。最后进行拼锅再炒，如果大小差异较大的或需要加工更为精细的，可以筛分后，对不同颗粒大小茶叶分别拼锅炒制。仍采用曲毫炒干机，将初炒拼堆后的茶叶投满炒手板上部锅体 2/3 位置，锅体温度为 70~90℃，复炒时间为 90~110min，炒至含水量为 7%~8% 为宜。

8.足火提香

完成炒制做形的茶叶，回潮后进行足火提香，目的是使茶叶足干，并进一步提高茶叶香气。足火提香一般采用热风烘干机、提香机或滚筒炒干机。烘干方式的摊叶厚度一般为 2~3cm，风温控制在 110~115℃，烘至含水量为 6%，手捻茶叶成细粉即可下机冷却，要切忌高火香和焦味产生。充分摊凉后包装密封。

二、优质长炒青机采鲜叶初制加工技术

长炒青是我国的一种传统大宗绿茶产品，也是我国主要出口的绿茶类型，国内市场销售量也较大。随着人们生活水平的提高，人们对茶叶品质的要求不断提升，各类高档炒青被逐渐开发出来，较好地适应了国内消费升级的需要。松阳香茶就是优质长炒青绿茶的典型代表，下面以松阳香茶为例，介绍机采优质长炒青绿茶加工技术。

（一）松阳香茶品质特征

松阳香茶是浙江省松阳县茶农通过对传统炒青绿茶工艺的完善和提高，创制的一种优质长炒青绿茶，加工技术和品质独特，在市场上极受欢迎，畅销全国 20 多个省（区、市）。松阳香茶主要的品质特征为：条索细紧、色泽翠润，香高持久、滋味浓爽，汤色清亮、叶底绿明。

（二）松阳香茶对机采鲜叶的基本要求与处理方法

1.机采鲜叶基本要求

松阳香茶外形呈略有卷曲的长条形，主要是通过揉捻和干燥过程中的滚动炒制等外力作用逐渐成形的。一般较嫩的完整芽叶易于成条，因此用于加工松阳香茶的机采鲜叶，对芽叶的完整度有一定要求，而对鲜叶的嫩度和均匀度要求相对不高。一般情况下，加工香茶的机采鲜叶级别应达到机采叶 C 类以上的品质要求。

2.机采鲜叶处理方法

A 类和优质 B 类机采鲜叶一般在去除碎末茶后，可不作其他处理直接用于加工松阳香茶，而较差的 B 类和 C 类机采鲜叶建议分级处理后再进行加工，特别是当芽叶均匀度差异超过杀青允许范围或者是影响后续揉捻做形的还需

要实施分级分类加工。但生产中为了提高茶叶品质或加工高端香茶产品，A类、B类机采鲜叶也可以进行分级处理，重点是去除碎末茶和过大的芽叶和老叶，以提高鲜叶完整度；C类机采鲜叶不仅要去除碎末茶和过大的芽叶和老叶，最好能实施分级分类加工。可采用抖抛式分筛设备进行分级处理，鲜叶分级机的筛孔设置与勾青茶基本类似，一级筛孔可以采用5mm×12mm的长方形孔割去碎末，三级筛孔可采用26~30mm大孔去除大叶，还可对二级筛孔（18~22mm）的孔上和孔下鲜叶分别加工，以提高产品品质。三级筛孔面上鲜叶数量较少的可以通过切断，归堆同时加工，数量较多时可单独加工。另外，雨水叶应先去除水分后再进行分级处理。如果机采鲜叶数量较多，一时无法及时进行分级处理的，应该设置一定的贮青暂存间以及相应的设施，如贮青槽或贮青机。

（三）松阳香茶机采叶初制工艺

松阳香茶机采鲜叶加工工艺流程为：摊放→杀青→去片与回潮→揉捻去杂→循环滚炒（滚二青）→摊凉回潮→滚毛坯（做三青）→摊凉回潮→滚足干（提香）→整理。

摊放、杀青和去片与回潮等工序参见机采叶加工卷曲形（颗粒形）名优茶相应工艺参数。

1．揉捻和解块去杂

揉捻可以塑造香茶外形，促使茶汁容易泡出，增进茶汤滋味，是香茶加工过程中最重要的做形工序。考虑到机采鲜叶大都比传统手采鲜叶的嫩度要差，而产量一般较大，所以一般应采用中型以上揉捻机进行做形，特别是对分级后的大叶加工处理。杀青叶经充分摊凉回潮后进行揉捻。投叶量一般根据机型大小、叶质老嫩情况而定，6CR-45型揉捻机每筒投叶30~35kg，6CR-55型揉捻机每筒投叶45~50kg。为获得紧结细秀的香茶外形，应适当重揉长揉，使茶条紧而不松，圆而不扁，整而不散。加压应遵循"先轻后重、逐步加压、轻重交替、最后松压"的原则，揉捻时间根据原料嫩度不同控制在60~150min，以嫩叶成条率达到85%~95%为适度，其中高档香茶揉捻加压则以轻压、适当中压为主，揉捻时间60~70min；中档优质香茶以中压、适当重压为主，揉捻时间90~120min。揉捻叶下机后应及时解块，并采用分筛机去除碎末片茶，以减少这些碎末片茶在后续作业中对茶叶品质的影响。

2．循环滚炒（滚二青）

香茶做二青大多采用大型滚筒杀青机（导叶条高度低于4cm）进行循环滚炒，也有用烘干机烘二青的。具体操作时，当筒体出叶端向里30cm中心空气温度达到90℃时投叶。6CS-70型滚筒杀青机每小时投叶30~35kg，6CS-80

型每小时投叶 50~55kg，6CS-90 型每小时投叶 70~75kg，连续循环滚炒。滚炒过程中，要求"高温、快速、少量、排湿"，以保持叶色翠绿。以手捏茶叶松手不黏，稍感触手，有弹性，含水量为 35%~40% 为适宜。滚二青叶下机后应及时摊凉回潮，时间一般应较同等嫩度手采鲜叶传统制作工艺长，一般为 30~60min，至手捏茶叶基本回软为佳。在摊凉期间，应对老叶黄片进行首道拣剔，提高香茶净度。对品质要求较高的产品，可以对滚二青叶筛分后分别加工。

3. 滚毛坯 (做三青)

一般同样采用滚筒杀青机来完成做三青。当筒体出叶端向里30cm 中心空气温度达到 75~85℃时投叶，开始滚炒时温度宜高，以后逐步降低，通常经往返 5~6 次滚炒，中低档原料应适当增加次数，直到条索细紧、有明显触手感，色泽乌绿，香气初显，含水率达到 12%~14% 为适宜。滚毛坯过程中应使用风扇和鼓风机辅助排湿，出叶后及时摊凉。

4. 滚足干 (提香)

也称"过香"，该工序对茶叶香气发展起着至关重要的作用，同样采用滚筒杀青机循环滚炒提香。该加工过程中温度和时间参数的掌握极为重要，一般当筒体后端温度达到 80℃时投叶，6CS-70 型滚筒杀青机每小时投叶量为 28~30kg，6CS-80 型每小时投叶量为46~48kg，6CS-90 型每小时投叶量为 64~66kg。滚炒提香一般为 3~4 次滚炒，时间 15~20min，至含水率 6%，手握茶叶有烫手感、手捻茶叶能成细粉为宜。最后 1~2 次循环，应适当提高温度，并及时排风，以促进高香形成，排除茶末、碎片，但要切忌高火香和焦味产生。出叶后要迅速摊开散热，充分摊凉后包装密封。

三、毛峰茶机采鲜叶初制加工技术

传统毛峰茶属烘青型名优绿茶，一般采用多茸毛细嫩芽叶为原料，经杀青、揉捻、初干显毫后烘干而形成，是一种生产量较大的名优绿茶。

(一) 毛峰茶品质特征

黄山毛峰、信阳毛尖、都匀毛尖、高桥银峰等是我国代表性的毛峰茶。小叶种茶树鲜叶、大叶种茶树鲜叶加工的毛峰茶差异较大，其中小叶种毛峰茶品质特征为：外形细紧，茸毫披露，显锋苗，汤色明亮，香气清高，滋味醇爽，叶底嫩绿明亮；大叶种毛峰茶品质特征为：外形较肥壮，显露毫尖，色泽深绿，汤色明亮，香高味浓，叶底肥嫩露芽。

（二）毛峰茶对机采鲜叶基本要求与处理方法

1. 基本要求

毛峰茶外形呈略有卷曲的长条形，且要求茸毫披露，显芽锋，一般采用嫩度为一芽一叶至一芽二三叶为主的鲜叶进行加工，因此对鲜叶嫩度、芽叶完整度和匀净度都比香茶和勾青茶要求高。一般情况下，加工毛峰茶的机采鲜叶质量应达到机采叶 A 类或较好的 B 类品质水平，应杜绝连带老叶、老梗的机采鲜叶。

2. 分级处理方法

加工毛峰茶的机采鲜叶一般都需要进行鲜叶分级处理，特别是对于含有少量较大或过大芽叶的机采鲜叶，需重点去除碎片或过小的芽叶及过大、过长的芽叶，尽量达到毛峰茶加工对机采鲜叶的基本要求，同时也需要适应杀青设备对鲜叶均匀度的需要。若需要加工中高级毛峰茶，必须进一步提高鲜叶的完整度和均匀度，实施分级分类加工。鲜叶分级处理可采用分筛和风选设备进行，抖抛式鲜叶筛分机的筛孔设置与勾青茶基本类似，一级筛孔可以采用 5mm×20mm 的长方形孔割去碎末，三级筛孔可采用 24~26mm 孔去除中大叶，对分筛出的正品鲜叶还可以进行风选处理，去除部分单片，同时还可以对二级筛孔（18~20mm）的筛上和筛下鲜叶分别进行加工，以提高产品品质。雨水叶应该先去除水分后再进行分级处理。另外，应该配置贮青暂存间以及贮青槽或贮青机等相应设施。

（三）毛峰茶机采鲜叶初制工艺

机采鲜叶加工毛峰茶工艺流程：摊放→杀青→去片与回潮→揉捻去杂→初烘→摊凉回潮→复烘（提香）→整理。

摊放、杀青和去片与回潮等工序参见机采叶加工卷曲形（颗粒形）名优茶相应工艺参数。

1. 揉捻和解块去杂

揉捻是毛峰茶的主要做形工序。一般采用中小型揉捻机进行，按照揉捻机投叶量要求投入杀青叶，揉捻压力掌握"轻一重一轻"的原则。分类加工时，工艺参数应根据鲜叶嫩度情况分类对待，①压力。高档毛峰茶揉捻程度宜轻，中低档毛峰茶适当增大压力。揉捻过重，虽能揉紧茶条，但茶汁易被挤出附于叶表，而使茶多酚被氧化，叶绿素脱镁变色，成茶色泽灰暗；②时间。高档毛峰茶揉捻时间一般为 6~10min，中、低档茶为 15~20min，揉捻至茶条卷拢，茶汁稍沁出，完整芽叶的成条率 95% 以上即可。机采鲜叶揉捻后容易形成较多的碎末茶，因此下机后应及时解块，并采用分筛机去除碎末片茶，以减少这些碎末片茶在后续工作中对茶叶品质的影响。

2．初烘与去片

一般采用烘干机进行初步烘干，工艺参数与手采鲜叶基本相似，揉捻叶摊放厚度1~2cm，热风温度110~120℃，烘干时间8~10min，烘至含水率15%~20%即可。初烘叶下机后直接采用风选机或简易风扇等设备去除初干叶中的单片和黄片。

3．摊凉回潮

初烘与去片后的茶叶应尽快摊凉回潮，并采用风扇等设施吹风散热，以减少茶叶的热氧化，促使茶叶内含水分重新均匀分布，以利于茶叶继续烘干。考虑到机采鲜叶的匀度较差，毛火初烘后的茶叶水分差异也会较手采鲜叶大，为提高后期干燥的均匀性和干燥效率，必须进行摊凉回潮，均匀水分。一般使用摊凉平台、回潮机等专用设备或竹匾、篾垫等传统工具进行摊凉，时间略长于同等嫩度手采鲜叶加工要求，一般为120~150min，至手捏茶叶基本回软为宜。

4．复烘

工艺参数与手采鲜叶基本相似，用烘干机进行低温慢烘，温度80~90℃，时间20~25min，烘至茶叶含水率5%~6%下烘，充分摊凉后包装密封。

四、扁形茶机采鲜叶初制加工技术

扁形茶是一种全部采用炒干方式加工的名优茶，以"扁平光滑"为典型品质特色，以最著名的西湖龙井为代表，在国内外市场上享有盛誉。

(一) 扁形茶品质特征

传统机制扁形名优绿茶是采用摊放、青锅（初干做形）、摊凉回潮和辉锅（足干做形）、提香等工序加工而成的扁形炒青型绿茶，具有外形扁平挺直、香高持久、滋味浓爽等基本品质特征。

(二) 扁形茶对机采鲜叶的基本要求与处理方法

1．基本要求

扁形绿茶"扁平挺直"的形状是通过做形工序中外力作用下收紧和压扁而成形的。传统高档扁形茶对芽叶的嫩度、完整度和长短要求都较高，其中高档扁形茶鲜叶嫩度要求为一芽一叶至一芽二叶初展；中、低档扁形茶对鲜叶完整度和嫩度要求相对较低，为一芽二叶至一芽三四叶。而目前机采鲜叶组成以一芽二叶至一芽三四叶居多，单片多，大小差异较大，还有一些老片和黄片等，加工中高级扁形茶有困难。但机采鲜叶和在制品若通过分级处理，并配套特殊工艺措施，则完全具备加工中低档扁形茶的潜力。目前加工中低档扁形茶的机采鲜叶一般应达到机采叶 B 类鲜叶以上的品质水平。

2．处理方法

考虑到扁形茶有扁平挺直的外形要求，其长度要求不能太短和太长，故对长短差异大、单片多的机采鲜叶，需进行必要的鲜叶分级处理，去除过短的碎片和过长的芽叶，提高芽叶的均匀性。分级处理可用分筛和风选设备进行，抖抛式鲜叶筛分机的筛孔配置：一级筛孔可以采用 5mm×12mm 的长方形孔割去碎末，三级筛孔可采用 26~30mm 大孔去除大叶，对分筛出的正品鲜叶还可以进行风选处理，去除部分单片。如果分级出的过大、过长鲜叶明显超出扁形茶外形需要时应进行分类加工处理（见后面的切断整理工序）。雨水叶应该先去除水分后再进行分级处理。

（三）扁形茶机采鲜叶初制工艺

机采鲜叶的扁形茶加工工艺流程一般为：摊放→理条杀青→去片与回潮→切断整理→初炒做形→回潮和分筛→复炒做形→后期整理。

1．摊放

与传统手采鲜叶的加工工艺基本一致，参见匀青茶摊放工艺参数。

2．理条杀青

考虑到机采叶的芽叶组成特点，宜采用同时具有杀青和理条功能的名茶多功能理条机进行作业。可考虑采用 6CMD-450 型等多功能理条机（图 5-16），槽锅温度 180℃左右，时间约 8min，投叶量0.5kg 左右。杀青叶色泽转

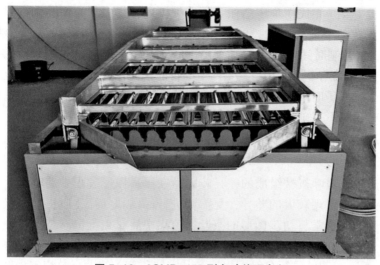

图 5-16　6CMD-450 型多功能理条机

暗绿，手握叶质柔软，青气消失，散发出良好的茶香，含水率55%左右，幼嫩芽叶基本理直为适度。鲜叶分级出的各挡芽叶差异较大时应分别单独杀青。

3．风力去片和摊凉回潮

杀青叶下机后，采用排风扇或专用风力分选机等风力去片设备或装置去除杀青叶中的黄片、老片和碎叶片，并及时摊凉。使用竹匾、篾垫或专用设施进行摊凉，时间应控制在20min以内，至叶温降到常温即可。充分摊凉后的杀青叶使用摊放平台堆放回潮，促使茶梗与叶片中的水分重新分布，回潮时间一般为40~90min，以手捏茶叶成团不刺手为宜。

4．切断整理

较大、较长的分级鲜叶经杀青后可以直接采用专用的茶叶切断机（图5-17）将茶叶切断，数量较少时可以与其他杀青叶拼合加工，若数量较大时应单独处理加工。切断后长度可根据产品整体要求统一确定，一般为3~5cm。

图5-17　茶叶切断机

5．初炒做形

一般采用单锅或多锅长板式扁茶炒制机进行初炒做形。长板式扁茶炒制机是21世纪初才研制成功的专用于扁形茶加工的设备，该设备在青锅工序中可实现杀青、初步压扁等功能。因机采鲜叶的特殊机械组成特点，需要采用多槽式扁形茶炒制机完成鲜叶的杀青、理条和收身，因此该工序中长板式扁茶炒制机主要是完成初步压扁任务。由于机采叶片多，为提高制得率，与传统工艺比较，宜适当增加投叶量，以紧缩身骨。一般初炒叶投叶量控制在100~150g，炒制时间4~5min，整个操作过程大致可分成2个阶段。第一阶段，历时0.5~1.0min，锅温110~130℃，主要目的是使茶叶回软和蒸发水分，不加压；第二阶段历时3~4min，锅温100~110℃，逐步加压，主要目的是初步做形，为辉锅打下基础。炒制过程中应保持炒制叶手感湿软而不触手、不结块为宜，当炒至茶叶舒展扁平，茶叶含水率降为20%~30%时出茶。

6．回潮和分筛

由于机采鲜叶机械组成的差异较大，在压扁做形过程中芽叶形状形成和水分散失都会出现较大的差异，更需要进行回潮和分筛，以提高初步做形茶叶的均匀性。通常将初步做形的茶叶摊凉集中后，盖上洁净棉布，使茶叶内外水分重新分布均匀，转潮回软。回潮时间一般掌握在120min左右。茶叶"回潮"后，对茶叶进行分筛。根据产品定位和茶条的大小及均匀程度，采用平面圆筛机或2~3只筛孔大小不同的方眼竹筛对回潮叶进行筛分，分筛后的各档茶均要割除片、末。

7. 复炒做形

相当于传统扁形茶加工中的辉锅工序，是扁形茶做形和干燥的关键工序，其主要目的是干燥茶叶、做形和形成扁形茶的风味品质。采用长板式扁茶炒制机，投叶量120~150g，锅温90~100℃，先低后高，逐渐加压，整个炒制时间一般为5~7min，操作上可分为2个阶段。第一阶段：历时1~2min，不加压，主要目的是使茶条回软。操作时，当锅温到达要求后，投入规定量的回潮初干叶，在空压下利用炒板长手对茶叶进行加热和整理，并散发水汽。第二阶段历时4~5min，逐步加压，最后松压，主要目的是对茶叶进一步压扁，并蒸发水分，完成干燥和定型。炒制过程中应掌握逐渐加压，使茶叶扁平，后期应逐渐提高温度，将香气逼出，炒至茶叶含水率达7%~9%（略大点的茶条一折即脆断）时出茶。

8. 后期整理

在茶叶干燥后期，需要进行后期处理。一般采用圆筒式辉锅机进行脱毛和提香干燥，投茶量应尽可能多，以作业时茶叶不会从筒体涌出为度，如使用筒体直径为60cm的6CHT-20型茶叶辉干机，投叶量应达4.0kg左右，筒体温度80~100℃，时间45min左右，至茶叶含水率达到6%以下，完成辉干脱毫。另外，为进一步提高茶叶的外观品质，干茶经摊凉后，可进行适当的筛分、切断、拼配和归堆处理。

第五节　机采叶名优绿茶精加工技术

由于机采鲜叶大小不均匀，单片、老梗老叶较多，因此虽然经过鲜叶和在制品分级、去片等工作，产品仍或多或少存在夹带一些黄片、碎末茶、茶梗和非茶杂物等问题，部分仍达不到产品品质标准要求。与传统手采鲜叶加工的名优绿茶产品相比，机采叶加工的名优绿茶初制产品可能还存在以下主要问题：(1) 芽叶大小（或长短、粗细）差异较大，均匀性差；(2) 茎梗（包括茶与梗相连的茶梗）较多；(3) 片末、老片较多，影响外观。因此，需要对茶叶初制产品进行进一步的整理和拼配。

传统出口绿茶精制和国内名优绿茶筛分整理（精制）过程中，常采用茶叶平面圆筛机、茶叶抖筛机、茶叶风选机、茶叶静电和光电拣梗机等装备和技术来提高茶叶的均匀性和美观性，这些装备同样可以应用到机采叶名优绿茶精加工中。另外，还可应用先进的色选机等现代设备对机采叶名优绿茶初加工产品进行分级和整理。

　　根据名优绿茶机采叶初制中存在的不同问题，可采用不同的技术和方法进行精制处理。通常可根据老片与嫩叶间比重和色泽的差异，采用茶叶风选和茶叶色差技术对老片和茎梗进行去除；根据芽叶长短和粗细的差异，采用茶叶圆筛或抖筛分离技术对茶叶大小（或长短、粗细）进行分级；根据茶叶与茎梗的静电特性与颜色差异，采用拣梗和色差选别技术去除茎梗。当然，不同产区名优茶机采叶初制产品存在的问题和精制过程中需解决的问题不尽相同，需要分别对待。可采用的主要精制技术可参见表5-9。

表5-9　机采叶加工不同类型名优茶精制用主要设备

茶类	老片、片末	大小不一（或长短、粗细）	茎梗
勾青茶	风选机、色选机	圆筛机	色选机
松阳香茶	风选机、色选机	圆筛机或抖筛机	拣梗机、色选机
毛峰茶	风选机、色选机	圆筛机或抖筛机	拣梗机、色选机
扁形茶	风选机、色选机	圆筛机	色选机

　　另外，对精制过程中分级出的半成品，均需要经过处理后，将合格部分重新归堆进入成品茶合格产品中，如使用茶叶圆筛机筛出的粗大叶可以切断、分筛后将合格部分重新归堆入成品茶合格产品中，对于茶叶与老梗相连的芽叶可以通过复炒去除老梗后重新归堆入合格产品。归堆的茶叶标上日期、等级、数量后，就可包装和贮藏，形成最终茶叶成品。

参考文献

陆德彪，何乐芝，袁海波，等. 2013. 6CDW-220微型采茶机应用于优质扁形绿茶试验初报[J]. 中国茶叶，35（10）：22-24.

袁海波，滑金杰，邓余良，等. 2016. 基于YJY-2型鲜叶分级机的机采茶叶分级分类工艺优化[J]. 中国茶叶，农业工程学报，32（6）：276-282.

俞燎远，尹军峰，邓余良，等. 2016. 机采机制扁形茶加工新工艺初探[J]. 中国茶叶，38（9）：16-17.

张兰美，尹军峰，许勇泉，等. 2017. 磐安县机采香茶分级分类加工技术经济效益分析[J]. 中国茶叶，39（10）：22-23.

第六章　名优绿茶机械化采剪机械

机械化采摘是名优绿茶实现全程机械化生产的核心和难点问题。国内外采茶机械的研制已有近90年的研发历史，先后尝试和研制了多种形式的不同原理机械。实用、科学的往复切割式原理采茶机成为主流，并通过与之配套使用的茶树修剪机形成组合搭档，较好地推动了茶树鲜叶的机械化采摘。

第一节　茶鲜叶采摘机械

采茶机是茶鲜叶机械化采摘的主要设备，目前生产中使用的采茶机主要有微型、单人、双人、自走式和乘坐式等多种类型，常用的主要是单人采茶机和双人采茶机，其中双人采茶机按刀片形状又可分为弧形和平形两种。均对茶芽无选择性，智能选择式采茶机虽在研发，但实现产业化应用还有很长路程。

一、电动微型采茶机

(一) 工作原理

机手背负电池，手持采茶机头 (采摘器)，打开电机开关，微电机带动往复式切割刀片和拨叶轮运转。当手持采茶机机头在茶树蓬面上缓慢前移时，蓬面上的芽叶则被拨叶轮推向刀片，继而被往复运转刀片切下，并被拨叶轮推入集叶袋。

(二) 主要结构与技术参数

目前已出现不同类型的电动微型采茶机，均使用往复切割式采摘原理，并以背负电瓶为动力。现以嵊州争光茶机有限公司生产的4CWD-150型电动微型采茶机为例对结构和技术参数进行介绍。

1. 主要结构

电动微型采茶机主要由微电机、传动机构、刀片、拨叶轮、集叶袋、电瓶及背负带等构成（图6-1）。刀片为平形，上、下两片，相对往复运动，背负电池采用高性能锂电池。

2．主要技术参数

嵊州争光茶机有限公司产电动微型采茶机的主要技术参数如表6-1所示。

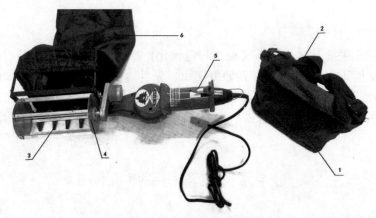

1-电瓶　2-背负带　3-刀片　4-拨叶轮　5-电机开关　6-集叶袋

图6-1　电动微型采茶机

表6-1　电动微型采茶机主要技术参数

项目		主要技术参数
型号		4CWD-150型
外形尺寸（长×宽×高）（mm）		465×160×125
总质量（kg）		1.2（不含背负电瓶4.0）
工作幅宽（mm）		150
额定功率（W）		24
额定转速（r/min）		2500
电瓶型号规格		6-FM-18（HW12V18AH·20HR）
切割器参数	刀齿频率（次/min）	800
	刀齿间距（mm）	30
	刀齿高度（mm）	30
	切割角（°）	38
	刃口角（°）	35
拨叶轮	叶轮直径（mm）	81
	叶轮长度（mm）	143
	叶轮转速（r/min）	456

（三）主要特点

1. 机器体型小

机器重量轻，使用方便，适合单人在山地和小块茶园采摘使用。

2. 采摘机动性好

作为一种手持式采摘器，可方便掌握采摘高度和位置，便于不平整的机采茶园采摘，鲜叶采摘质量较高。

3. 电动环保

采用电源驱动，具有环保、卫生的优点，但也存在效率低、不适宜大型企业及大面积茶园使用的缺点（图6-2）。

图6-2 电动微型采茶机采茶作业

二、单人采茶机

单人采茶机是一种由1人背负并手持采茶机头（采摘器）进行茶鲜叶采摘的采茶机，目前主要以汽油机为动力，生产中已应用普遍。

（一）工作原理

机手启动背负的汽油机，动力通过飞块式离合器、软轴、减速箱带动上、下刀片运转和集叶风机转动。当机手手持采摘器在茶树蓬面上向前以适当速度前进时，刀片对芽叶实施剪切采摘，采摘下的芽叶，由风机产生的气流通过送风管吹进集叶袋。

（二）主要结构与技术参数

1．主要结构

单人采茶机的主要结构由动力装置、软轴组件和机头（采摘器）3 部分组成（图 6-3）。其中动力装置由汽油机、汽油机架和背带等组成；软轴组件由软轴和软管组成，软轴两端分别连接汽油机和采摘器；采摘器由减速箱、刀片、风机、机架以及集叶袋等组成，刀片为整体式，三角形刀齿齿高 30mm、间距 35mm，刀齿两侧开有刃口。

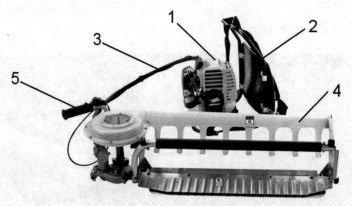

1- 汽油机　2-汽油机背负装置　3-软轴　4-机具　5-把手

图 6-3　单人采茶机及其结构

2．主要技术参数

以浙江川崎茶业机械有限公司产 NV60H 型单人采茶机为例，其主要技术参数如表 6-2 所示。

（三）主要特点

1．结构简单，操作灵活，使用方便。

2．采摘时对茶树芽叶切割利落，集叶干净，采摘质量较好。

3．背负汽油机、手持机头作业，不受地形条件的限制，适用于小规模的丘陵地区茶园使用。

4．生产率虽较高，但难于满足大型茶叶生产企业和大规模茶园采摘作业需求（图 6-4）。

三、双人采茶机

双人采茶机是一种由两人手抬作业的采茶机，是目前在我国茶叶机械化采摘中使用最普遍和重点推广应用的采茶机。

表 6-2　单人采茶机的主要技术参数

项目		主要技术参数
型号		NV60H 型
外形尺寸（长×宽×高）（mm）		800×280×200
总质量（kg）		9.5（含机头和背负动力）
刀片形式		平形往复切割式
工作幅宽（mm）		450~600
动力机参数	型式	二冲程风冷汽油机
	型号	日本富士 EC025GA-2
	排量（L）	0.0245
	功率（kW）	0.8
	使用燃料	汽油:机油混合油：25:1（磨合期 20:1）
操作人员数（人）		2（1人采摘、1人辅助）
芽叶完整率（%）		≥75
鲜叶漏采率（%）		≤1.0
生产率（kg/h）		≥190

图 6-4　单人采茶机采茶作业

（一）工作原理

汽油机的动力带动风机转动，并由飞块式离合器、风机轴驱动的皮带传动和减速箱等带动刀片作往复运动。当由两人手抬的双人采茶机在茶树蓬面上以适当速度前进时，双动的上下刀片则将芽叶切断，随之由风机产生的气流通过送风管将芽叶吹进集叶袋。

(二) 主要结构与技术参数

1．主要结构

　　双人采茶机的主要结构由汽油机、减速箱、刀片、集叶风机与风管和机架等部分组成（图6-5）。汽油机的动力多为1.1~1.4kW，刀片有弧形和平形两种，刀片长度为800~1200mm，以1000mm最常用，刀齿形状和尺寸与单人采茶机相同（图6-6）。平形刀片一般用于大叶种茶树的鲜叶采摘，弧形刀片一般用于中小叶种茶树的鲜叶采摘。减速箱装置于集叶风机下部，用于减速并且驱动曲柄（偏心轮）机构带动上、下刀片往复运转，实施对茶树芽叶的切割。离心式风机用以提供集叶所需的气流，通过集叶风管吹出，将采摘叶

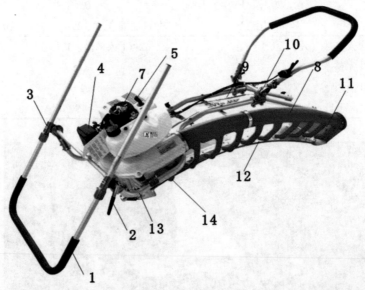

1-E侧手把　2-操作开关　3-滑动螺母　4-空气滤清器　5-火花塞　6-油箱盖　7-启动器
8-送风管　9-割侧手把　10-双用开关　11-割侧板　12-刀片　13-曲轴箱　14-E侧板

图6-5　双人采茶机主要结构

图6-6　双人采茶机（左：弧形，右：平形）

送入集叶袋中。机架用于安装汽油机、刀片、集叶风机和风管，两端装有操作把手，由两人手抬作业，集叶袋就挂在机架的后部。

2．主要技术参数

以浙江川崎茶业机械有限公司产 SV100 型双人采茶机为例，其主要技术参数如表 6-3 所示。

表 6-3　双人采茶机的主要技术参数

项目		主要技术参数
型号		NV100 型
外形尺寸（长×宽×高）（mm）		1180×550×450
总质量（kg）		13.0
刀片形式		平形和弧形往复切割式
工作幅宽（mm）		1000
动力机参数	型式	二冲程风冷汽油机
	型号	三菱 T320
	排量（L）	0.0496
	功率（kW）	2.2
	使用燃料	汽油:机油混合油：25:1（磨合期 20:1）
操作人员数（人）		4（2 人采摘、2 人辅助）
芽叶完整率（%）		≥85
鲜叶漏采率（%）		≤1.0
生产率（kg/h）		≥700

（三）主要特点

1．机型轻巧

由两人手抬作业，加之机架下部有一块弧形板滑行在茶蓬上，操作方便省力，一个来回采摘一行茶树（图 6-7）。

2．采摘质量较好

采摘时对茶树芽叶切割利落、集叶干净、鲜叶质量较好。

3．生产效率高

适用于规模较大的平地、缓坡、丘陵茶园的采摘。

4．地形要求高

在山区梯级、仅植一行或一边又紧靠沟坎的茶园中使用。

图 6-7　双人采茶机在进行采茶作业

四、乘坐式采茶机

乘坐式采茶机是一种将采茶机刀片安装在自走底盘下部、驾驶人员坐在车上操作进行跨行作业的采茶机。日本生产的乘坐式采茶机型，我国茶区有少量引进使用，国内生产的类似机型尚在试用中。

（一）工作原理

操作者乘坐在采茶机操作平台的驾驶椅上，启动发动机，并挂挡，发动机的动力首先传递给变量油泵和定量油泵，由定量油泵输出一定流量和压力，驱动行走驱动马达工作，使跨在两个行间的两条履带运行，机器按要求速度行走，并可换挡改变前进速度，操纵转向杆实现机器转弯。当进入需采摘的

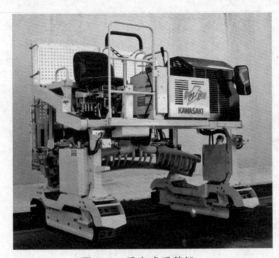

图 6-8　乘坐式采茶机

茶行后，通过操作手柄使驱动采摘机的液力马达运转，采茶刀片运转，随着机器的前进，刀片连续将芽叶采下，采下的鲜叶通过集叶风机被吹入贮叶箱或挂在采摘器后面的集叶袋中。通过液力提升油缸可控制采摘高低，每个行程采摘一行茶树（图 6-8）。

（二）主要结构与技术参数

1. 主要结构

乘坐式采茶机的主要结构由动力机、机架、操作平台和操作系统、行走

表 6-4　KJ4N-iw 型乘坐式采茶机主要技术参数

	乘用型复合摘采机	KJ4N-iw（可变型）				
	区分	185	180	175	170	165
发动机参数	型式	ャンマー 3TNV76（洋马 3TNV76）				
	可定输出功率（kW/min）	16.4/2800				
	种类	4 冲程、直列立式、水冷、3 缸、柴油 1.115L				
	燃料种类	柴油				
	燃料箱容量（L）	24				
	启动方式	电机启动方式				
主体	全长（mm）	2970				
	全宽（mm）	3200				
	全高（mm）	1930（高）/1860（低）				
机体尺寸·规格	质量（kg）	1370（不含燃料）				
	轨距（mm）	1750~1950	1700~1900	1650~1850	1600~1800	1550~1750
	旋转半径（mm）	1316				
	安全登坡角度	12°以下（全方向）				
	行驶速度（km/h）	0~4.5				
	行驶形式	履带式				
	行走动力传达机构	油压泵·油压马达				
	刀片运作方式	往复式（往复推动式）				
	有效切割宽度（mm）	1900		1800		1700
	刀片弧度半径（mm）	3000				
	作业高度（mm）	530~990（高）/530~920（低）				
	刀片驱动	油压马达				
	刀片升降方式	油压气缸				
	作业能力	0.1hm²/h 随茶园状况会有所变动				
	鲜叶收纳方式	送风压送式				
	容量	1 袋 20kg×12 袋=240kg				

机构和采摘器组成。动力机多采用 4 冲程、水冷柴油机，并采用液力马达传动行走机构行走和采摘器运转工作。行走机构采用履带式，缓冲性良好，行走稳定。动力机、操作平台和操作系统及履带行走系统均安装在机架上，使用操向杆进行机器的行进操向。

2．主要技术参数

以浙江川崎茶业机械有限公司产 KJ4N-iw 型乘坐式采茶机为例，其主要技术参数如表 6-4 所示。

（三）主要特点

1．安全稳定

动力机为柴油机，功率大，动力充足，并采用跨行作业，两条履带分别行走在茶树相邻的两各行间，对茶树枝条损伤小，采用履带式行走机构，行走安全稳定，转弯半径小。

2．操作便捷

使用液压马达进行动力传动，并由操作系统统一控制和操作，操作、使用和维修方便。

3．一机多用

设计了多个农具外挂点，可方便更换和安装使用茶树修剪机、修边机、中耕机、施肥机等机具。

4．地势要求

该机适合在地面平坦、无沟坎、种植规范和坡度不大的平地和缓坡茶园使用，地头需有约 2m 的转弯地带，可使用的茶园比例不大。

第二节　茶树修剪机械

茶树通过修剪可使茶树蓬面保持规范和整齐，茶树修剪机是实现机械化采摘必不可少，并与采茶机配套使用的设备。常用的茶树修剪机械有单人茶树修剪机、双人茶树修剪机和茶树台刈机等。其中，双人修剪机又有弧形和平形两种。

一、单人茶树修剪机

单人茶树修剪机是一种由 1 人手提进行茶树修剪作业的茶树修剪机，生产中使用普遍。

(一) 工作原理

单人修剪机将汽油机、刀片和操作把手等装为一体，汽油机运转，通过飞块式离合器、减速箱带动曲柄（偏心轮）驱动上、下刀片的往复运动，完成对茶树枝条切割。

(二) 主要结构与技术参数

1. 主要结构

单人茶树修剪机的主要结构由汽油机、减速箱、刀片、机架和操作把手等组成（图6-9）。汽油机均使用膜片式汽化器，可保证汽油机和整台修剪机

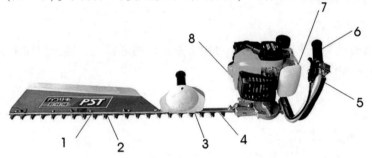

1-副板　2-刀片　3-右手把　4-压刀片　5-油门开关　6-左手把　7-汽油机　8-齿轮箱

图6-9　单人茶树修剪机

表6-5　单人茶树修剪机的主要技术参数

项目		主要技术参数
型号		PST75H 型
外形尺寸（长×宽×高）（mm）		1020×310×250
总质量（kg）		5.0
刀片形式		平形往复切割式
工作幅宽（mm）		750
动力机参数	型式	二冲程风冷汽油机
	型号	富士 EC025GA-2
	排量（L）	0.0245
	功率（kW）	0.8
	使用燃料	汽油:机油混合油：25:1（磨合期20:1）
操作人员数（人）		1
剪切枝条直径（mm）		≤10
生产率（m²/h）		≥120

在空间 360°任意转动，不致熄火而正常运转，从而满足蓬面修剪、修边等作业需求。由于其切割对象为茶树枝条，茶树修剪机的刀片刀齿强度明显高于采茶机，故齿高为 22mm，齿距为 35mm。单人修剪机机架结构简单，由减速箱、护刃器与导叶板和操作把手组成，将所有部件连成一体，便于 1 人手提操作。

2．主要技术参数

以浙江川崎茶业机械有限公司产 PST75H 单人茶树修剪机为例，其主要技术参数如表 6-5 所示。

（三）主要特点

1．机器轻巧

灵活机动，一人手提使用，可用于茶树修剪和修边，适于山地茶园作业。

2．操作方便，效果好

汽油机使用膜片式汽化器，可允许机器在空间做任意角度的旋转作业。可干净利落切下直径 10mm 以上的枝条，切口光滑，一般不会有裂开现象。

3．作业效率较低

操作较费力，不适于大规模茶园修剪作业。

二、单人电动修剪机

（一）工作原理

机具部分的工作原理与汽油单人修剪机基本相同。其不同在于动力输出上采用了直流电机技术，配备环保锂电池和电机直接带动刀片进行修剪。

（二）主要结构与技术参数

以宁波市鄞州骉马新能源科技有限公司生产的 BNDL7500J-12 单人电动修剪机（图 6-10）为例，其主要参数如表 6-6 所示。

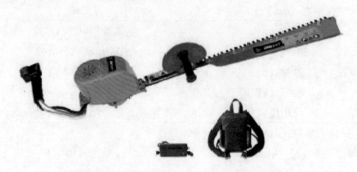

图 6-10　BNDL7500J-12 单人电动修剪机

表 6-6 BNDL7500J-12 单人电动修剪机主要技术参数

项目	主要技术参数
产品型号	BNDL7500J-12
主机质量（kg）	4.5
功率（W）	500
转速（r/min）	10000
单面刀片长度（mm）	750
锂电池（V，AH）	36，12
可用时间（h）	4~6
充电电流（A）	3
充电时间（h）	4

（三）主要特点

该机的作业效率等同于汽油修剪机，与人工修剪效率相比要高出 10 倍，主要特点为：手持部分重量轻，环保节能，无需汽油，无热度，无尾气排放，低噪音，低返修率，低使用成本。主要可应用于茶树树冠的轻修剪或深修剪。

三、双人茶树修剪机

双人茶树修剪机是一种由两人手抬进行茶树修剪作业的茶树修剪机，与双人采茶机配套广泛使用。

（一）工作原理

双人茶树修剪机与双人采茶机的工作原理基本一样，但不配集叶袋，部分机型甚至不配风机。

（二）主要结构与技术参数

1．主要结构

双人茶树修剪机与双人采茶机的主要结构基本相同，所使用的刀片强度与单人茶树修剪机相同，强度较采茶机强。双人茶树修剪机有双人深修剪机和双人轻修剪机两种形式，基本结构相同，动力功率大小、刀片和整机强度等有差异（图 6-11）。

2．主要技术参数

以浙江川崎茶业机械有限公司产 SM110 型和 SA 型双人茶树修剪机为例，其主要技术参数如表 6-7 所示。

（三）主要特点

双人茶树修剪机的特点与双人采茶机基本一样。

1. 机型轻巧

由两人手抬作业，一个来回采摘一行茶树，操作方便省力。

图 6-11 双人茶树修剪机（上：弧形，下：平形）

表 6-7 双人茶树修剪机的主要技术参数

项目		主要技术参数	
机器类型		双人深修剪机	双人轻修剪机
型号		SM110	SA
外形尺寸(长×宽×高)(mm)		1490×550×530	1470×530×360
总质量（kg）		14.5	9.5
刀片形式		平形和弧形往复切割式	平形和弧形往复切割式
工作幅宽（mm）		1100	1100
动力机参数	型式	二冲程风冷汽油机	二冲程风冷汽油机
	型号	三菱 TLE33	富士 EC025GA-2
	排量（L）	0.0326	0.0245
	功率（kW）	1.2	0.8
	使用燃料	汽油:机油混合油：25:1（磨合期 20:1）	
操作人员数（人）		2	2
剪切枝条直径（mm）		≥10	≤10
生产率（hm²/h）		≥0.067	≥0.1

2．采摘质量较好

采摘时对茶树芽叶切割利落、集叶干净，鲜叶质量较好。

3．生产效率高

适用于规模性较大的平地、缓坡、丘陵茶园的采摘。

4．地形要求高

在山区梯级、仅植一行或一边又紧靠沟坎的茶园中使用。

四、茶树台刈机

当前生产中使用的茶树台刈机，实际上就是林业生产中所使用的割灌机。有动力与切割刀杆连为一体的，也有通过软轴将动力与刀杆连接的。由于动力机连接不同，可分为侧挂式和背负式两种形式。

（一）工作原理

操作者侧挂并手持或背负汽油机，同时手持台刈机操作杆，启动汽油机，动力通过飞块式离合器、传动轴或软轴、齿轮箱带动修剪圆盘刀片旋转，操作者手持操作杆控制旋转的圆盘锯片将茶树枝条切断，实施台刈作业。

（二）主要结构和技术参数

1．主要结构

茶树台刈机主要由动力汽油机、传动机构（钢制传动轴、软轴）、操作机构（把手、油门、点火开关）、圆盘锯片装置（齿轮箱、修剪头）、安全与背负部件（防护罩、悬挂点、吊带、靠垫、安全标识等）等部分组成。常用规格为直径 230mm、80 齿以上的圆盘锯片（图 6-12）。

2．主要技术参数

以浙江川崎茶业机械有限公司产 CZG 型和 BZG 型茶树台刈机为例，其主要技术参数如表 6-8 所示。

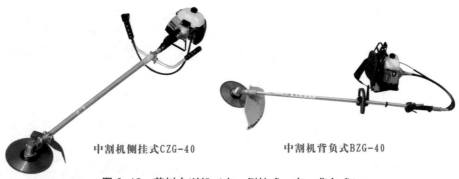

图 6-12 茶树台刈机（左：侧挂式，右：背负式）

表6-8　茶树台刈机主要技术参数

项目		基本参数			
		CZG		BZG	
整机	型式	侧挂式		背负式	
	长（mm）	1905		2700	
	宽（mm）	600		385	
	高（mm）	425		410	
	净重（kg）	8		10.5	
汽油机	额定功率（kW）	1.47	0.9	1.47	0.9
	排量（mL）	40.2	32.6	40.2	32.6
	额定转速（r/min）	7000	6500	7000	6500
	油箱容量（L）	1	0.85	1	0.85
变速齿轮	端面模数（mm）	1.25		1.25	
	传动比	22：17		22：17	
刀片	外径（mm）	230		230	
	齿数	80		80	
离合器型式		离心式		离心式	
执行标准		Q/ZCQ 003—2016			

（三）主要特点

1. 一机多用

机器为林业设备移植，变换作业部件尚可用于茶园除草，一机多用。

2. 切割力强

使用圆盘锯片进行茶树枝条切割，可将粗老的茶树枝条从接近根部利落切下，切割力强。

3. 作业不方便且效率较低

台刈作业时需两人一组，一人操作机器进行台刈，另一人在切割器作业前部清理台刈下的茶树枝条，两人配合需协调，稍不注意易出现伤人事故，同时作业效率也较低。

第三节　茶树采剪机械的安全使用与保养

茶树采剪机械是实现茶叶机采机制的关键装备。机械使用效果好坏与机手的操作技能以及机器的安全使用、保养维护技术等关系密切。现分别对采茶机和茶树修剪机的安全使用与保养维护技术简单介绍如下。

一、采剪机械的安全使用技术

(一) 采茶机和茶树修剪机

采茶机和茶树修剪机的刀片作业处于高速往复运转状态，在作业过程中注意设备和操作者安全十分重要。采剪机械的安全使用应注意以下一些要点。

1．确定和排除作业区茶园可能的安全因素

观察和了解作业区的人力、物力等情况，排除相关影响因素。要注意清除茶蓬上影响采摘的障碍物，特别是清除蓬面上存留的铅丝和金属等易引起刀片损坏的物件；要让非作业人员远离作业区，以免影响人身安全。

2．作业全程严格安全操作

(1) 采前培训。采茶机和茶树修剪机的操作人员在机器使用前应接受技术培训，并熟读使用说明书，了解机械使用、保养和安全操作技术，方可上岗操作，未经培训人员不准操作机器。

(2) 操作人员穿戴安全，身体状况适合。应该穿戴紧口工作衣和工作帽，长发人员要将头发全部置于工作帽内；过度疲劳和饮酒后不准操作机器。

(3) 时刻注意安全操作

①启动时。启动前应察看周围有无异物和人员，准备启动时要向周围人员打招呼；启动时要一手扶稳机器，一手拉动启动绳，刀片不要对着人，机手的脸和手等不要靠近风机出风口。

②机器运行时。严禁操作者身体任何部位与刀片接触，严禁用手去清除机器运行中滞留在刀片处的枝条；作业中非操作人员严禁靠近作业中的机器；即使离合器处于分离状态，机手和其他人员，一律不得将身体任何部分接触刀刃和机器运转部件，不可触摸火花塞帽和高压导线，汽油机运转时不准添加燃油。

③集叶时。双人采茶机更换集叶袋，单人采茶机从集叶袋后部倒出鲜叶时，以及换行或短距离转移田块时，要关小油门，停止刀片运动。

④其他。发生故障一律要在停机状态下排除；采茶机和茶树修剪机上多

为薄板零部件，操作时要注意避免手部等划伤；若停止采摘时间较长，则应停止汽油机运转。

3．正确使用机械设备

（1）正确使用设备。如单人采茶机作业时，应避免软轴过度弯曲，以免造成过早损坏。

（2）作业设备间一般不能替代使用。茶树修剪机、采茶机、茶树台刈机之间一般不能互用。如蓬面掸剪（轻微剪平）外，采茶机绝对不准用于修剪作业，以免造成刀片过快磨损甚至折断。

（3）严格使用混合燃油。新汽油机使用 20h 以内，混合油容积比一般为20∶1（即 90# 汽油和二冲程机油的混合容积比 20∶1），使用20h 以上，混合油容积比为 25∶1，而绝对不能使用纯汽油，否则会引起汽油机的损坏。

4．时刻注意设备运行

机器作业过程中，要时刻注意发动机和刀片等运转部位有无杂声，如有机器发生故障，均应熄火停车排除，一切正常后方准重新启动工作。

（二）茶树台刈机

茶树台刈机与采茶机和茶树修剪机的结构差异较大，安全使用技术有相似之处，也有所区别。在排除作业区茶园不安全因素、作业前培训、操作人员穿戴安全等方面是一致的，在安全操作、正确使用机械设备等方面有所不同。特别要注意以下几点：

1．设备操作姿势

作业时，采用手握把手感觉到较为舒适的姿势，并且要双手紧握把手。

2．注意周边人员安全

作业时，勿接近人，其他人或物应在1m 以外，防止被弹出的枝条碰伤，雨天或地面较滑时，请特别注意操作安全。

3．注意作业行进路线

切勿倒退（走）作业，以防不了解地面情况而摔倒所带来的严重安全问题。

4．注意操作安全问题

刀刃被枝条夹住时，请迅速停止汽油机，再取出异物；在有许多石头、电线等坚硬物体的地方，请勿使用机器，若圆盘刀片碰到石头等，应立即停止发动机，检查圆盘刀片有无损坏，如有裂纹或其他非正常现象，请更换刀片。

二、采剪机械的保养维护技术

(一) 采茶机、修剪机

采茶机、修剪机是较为精细的机械装备，设备经常使用后会磨损，配件也容易丢失，导致机械常出现一些技术问题。因此，为保证机械的使用及其安全性，必须注意日常的维护和保养工作。

1. 保持机器清洁

采茶机、修剪机系野外作业设备，作业后常会粘上许多杂物和污物，污染、腐朽设备，特别是采茶机采摘的是食用的茶叶。因此，每次作业结束后，应对机器进行全面清洁，应保持机器的清洁卫生。

2. 刀片注油

采茶机、修剪机的刀片要求每运转 1~2h，就要用机油壶向刀片的注油孔加注机油一次。加油后发现有机油流出或溅出时，要擦净后再进行采茶作业。另外，茶季结束后应进行全面的保养后在刀片等处涂抹机油，并且对刀片的间隙进行调整 (参考使用说明书要求)。

3. 减速传动箱润滑油加注

要求采茶机每工作 20h，给减速传动箱加注高温黄油 1 次，注油量以看到减速传动箱前部的刀片附近有残存的黄油溢出为准 (注意加注的黄油要适量，过多则会造成箱体内压力过大)。必要时可取下减速传动箱底盖，挖出废油，用汽油清洗干净，检查零部件磨损情况，重新加注润滑油 (高温黄油)。

4. 单人采茶机的软轴注油

单人采茶机要求每天使用前，要将软轴轴芯抽出，在轴芯上涂抹高温黄油，然后将轴芯恢复装入。

5. 刀片间隙调整

采茶机、修剪机刀片经过较长时间的使用，会产生磨损，应对刀片间隙进行调整。调整的方法是用十字形螺丝刀将刀片螺栓的螺母拧松，然后使用一把十字形螺丝刀将螺母固定，用另一把十字形螺丝刀将螺栓轻拧到底，再退回 1/4~1/2 圈，最后锁紧螺母。

6. 刀片茶浆的清除

每天作业结束，一定要对刀片上的茶浆进行清除，保持刀片清洁。刀片茶浆清洗的方法是，启动汽油机，使刀片低速运行，用清水冲洗刀片，将刀片上的茶浆全部清除。冲洗后将刀片晾干并滴注机油后，启动机器使刀片运行1min，然后停车。

7．集叶送风系统积存物清除

采茶机经过一定时间作业后，应拆下位于风机壳下部的护罩和集叶风管小端的橡胶塞，清除所积存的杂物。

8．采茶机的全面维修和封存

采茶机在茶季结束长时间不用时，要进行全面保养封存。封存前应对机器进行全面擦拭清洁，进行全面保养和维修，更换减速传动箱中的黄油；汽油机则按使用说明书要求进行"长期封存"保养；刀片涂抹黄油，用布等覆盖放置在阴凉干燥处保存。采茶机不能与汽油、化肥、农药等物质共同放置。

此外，其他的设备保养技术以及详细的调节参数与方法可参考设备生产企业的具体使用方法。采茶机和茶树修剪机的保养周期如表6-9所示，一般情况下应按照周期表严格对机器实施保养，否则将会造成机器的过度磨损和损坏。

表6-9　采茶机和茶树修剪机的保养周期

项目	部件	内　容
注油	齿轮箱	每20~30h，注黄油1次
清洁	空滤器海绵	每工作50h，用煤油或汽油清洗后挤干
	火花塞	每工作150h后清除积碳
更换	燃油过滤器	每3个月更换1次
	刀片	刀片磨损时，修磨刀刃，如断裂，则更换

（二）茶树台刈机

茶树台刈机的结构和使用方法与一般采茶机和茶树修剪机不同，为此特对茶树台刈机的保养事项单独介绍如下。

1．适时给轴承加注机油

茶树台刈机每工作4h，应打开加长杆上的橡皮塞，给轴承加注适量机油，然后装上橡皮塞并拧紧。

2．定期给齿轮箱加注高温黄油

伞形传动齿轮箱每使用10~20h应加注高温黄油1次。锯片锯齿不锋利时，可使用小扁锉按原角度挫磨。汽油机按规定进行保养。

3．机械和刀片的清洁

每次作业结束后，一定要对刀片上的茶浆进行清除，保持刀片清洁，并对机器其他部位进行清洁，保持机器的清洁卫生。具体方法参见采茶机、修剪机清洁方法。

4．全面维修与封存

按以下几个方面进行全面维修和封存。

（1）将油箱内的混合油倾出；

（2）在清理和检修前，为防止意外事故发生，应停止汽油机运作，必要时拔出火花塞；

（3）机器停止使用时，应及时清理刀片上的异物，清理后须套上刀鞘；

（4）汽油机必须按照说明书要求进行操作并定期保养；

（5）机器应放置于干燥处，切勿让儿童接触；

（6）如有损坏或使用异常，应及时送指定地点维修。

参考文献

陆德彪，何乐芝，袁海波，等. 2013. 6CDW-220 微型采茶机应用于优质扁形绿茶试验初报[J]. 中国茶叶，35(10)：22-24.

石元值，吕闰强，阮建云，等. 2010. 双人采茶机在名优绿茶机械化采摘中的应用效果[J]. 中国茶叶，32(6)：19-20.

石元值，徐献辉. 2006. 名优茶机械化采摘注意事项[J]. 中国茶叶，28(3)：28-29.

余继忠，徐加明，黄海涛，等. 2008. 重修剪、台刈和改植换种三种茶园改造方式的比较[J]. 茶叶科学，28 (3)：221-227.

余加和，谢继金. 1990. 茶树两种重修剪方法的试验[J]. 中国茶叶，12(6)：22.

第七章　机采名优绿茶加工机械

我国传统名优绿茶加工技术体系是基于手采鲜叶构建而成的。在智能选择式采茶机暂时无法实现的情况下，非选择性机采鲜叶大多无法达到传统名优绿茶加工的品质要求。因此现有的设备及其应用技术参数无法直接套用，需要配套分级分类加工新设备，调整原有的配套设备与技术，通过机艺结合和系统集成的方式才能实现部分名优绿茶的机采机制。

第一节　机采鲜叶处理设备

机采鲜叶具有数量大、入厂集中，机械组成和物理特性与传统手采鲜叶差距较大等特点，需要及时贮青散热，并通过鲜叶分级、分类摊放等方法处理后才能实现与名优绿茶后段工序的较好衔接。名优绿茶机采鲜叶处理设备主要包括鲜叶贮青设备、分级设备和分类摊放设施。

一、机采鲜叶贮青设备

机采鲜叶一般较手采鲜叶入厂集中、数量多，遇到春季高温天和夏茶来不及加工时，容易造成鲜叶变质。因此，高峰期的鲜叶进厂后，如果来不及分级和摊放处理，必须先进行贮青处理。目前适合机采叶的贮青设备主要包括贮青槽、箱式贮青机等。

（一）贮青槽

鲜叶贮青槽是一种靠人工进行摊叶，并且由人工进行出叶的贮青设备。

1. 工作原理

将鲜叶均匀摊放在有槽体支撑并架空的网板上，由风机通过风道送入冷风并使冷风均匀通过网板上的叶层，带走叶表水分和鲜叶贮存过程中产生的热量，使鲜叶保持新鲜。

2. 主要结构与技术参数

常用贮青槽的主要结构由轴流风机、风道、通风贮茶板和机架等组成。

以往槽体均为砖木结构，现多为金属整体结构。风道底板由低到高倾斜，前段 0.5m 倾斜 18°角，后段倾斜 3~4°角，以使槽体长度方向各点风量相对均匀一致（图 7-1）。风机一般选用风量大、风压低、噪声小的轴流通风机。机架与密闭外壳用型钢与薄钢板制成。通风贮茶板可用金属网板、塑料网板制造。鲜叶一般由人工摊放至通风贮茶板上，启动风机，冷空气从进风口进入，通过风道、贮茶金属网板，穿过摊茶层，带走热量与水汽，进风量可调。常用鲜叶贮青槽的主要技术参数如表 7-1 所示。

3．主要特点

（1）结构简单。槽体可用金属、木板或砖砌构筑，投资较小，适于小型机采叶加工企业使用。

（2）鲜叶采用通风贮存。可保证鲜叶在贮存期内质量良好，清洁卫生。

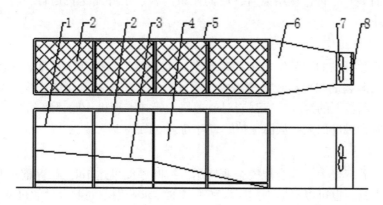

1-机架 2-贮茶板 3-底板 4-风道 5-槽体 6-进风管 7-风机 8-进风口

图 7-1 贮青槽结构示意图

表 7-1 常用鲜叶贮青槽的主要技术参数

项　目		主要技术参数
应用风机	型式	7 号轴流风机
	电动机频率（Hz）	50
	压力（kPa）	3.3~4.0
	风量（m³）	16500~20000
网孔尺寸（mm）		(6.0~8.0) × (6.0~8.0)
外形尺寸	长（m）	10.0
	宽（m）	1.5
	高（m）	0.8~0.9
投叶量（kg/h）		150~250

（3）劳动消耗大，贮青效果一般。进叶、出叶和翻叶都需要人工操作，仅采用常温通风，贮青保质时间较短。

（二）箱式贮青机

箱式贮青机是一种可自动上鲜叶、自动控制贮青参数和连续化作业的贮青设备。

1．工作原理

鲜叶通过上料输送机进入铺叶行车，铺叶行车可在贮青机上方横向和纵向进退，并且铺叶行车上的茶叶输送带还可正转和反转，故可将鲜叶铺至贮青机内的任一位置。当贮青机箱体铺满后，启动风机，冷风从箱体底部向上吹过鲜叶层，以实现鲜叶的降温和保鲜。为了防止鲜叶产生青枯，可启动加湿装置加湿。贮青作业结束后，启动摊茶网板、出叶输送机运行，将贮青叶排出机外。

2．主要结构

箱式贮青机的主要结构由铺叶行车、贮青箱体、摊叶输送带、对流通风系统、加湿装置和传动装置等组成。摊叶输送带位于贮青箱体底部，采用风机对金属网板上的鲜叶进行强制对流通风。箱式贮青机一般都装有加湿装置，以使冷风含湿量加大，从而保持贮青叶新鲜（图7-2）。

3．主要特点

（1）贮青量大。适合规模企业使用。摊叶厚度可达1m，贮青量一般明显高于贮青槽，也可以根据不同厂家和季节的需求选用不同贮青量的机型。

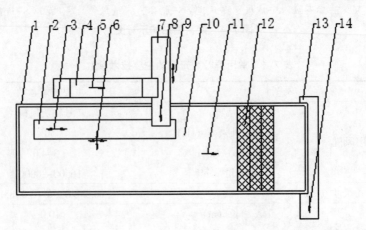

1-贮青箱体侧　2-铺叶行车　3、5、6、8、9、11、14-鲜叶或贮青叶移动方向
4-上叶输送带　7-上料行车　10-贮青箱体　12-摊茶网板　13-出叶输送机

图7-2　箱式贮青机结构示意

（2）自动化程度高，劳动强度小。可均匀上料，无需人工翻动及上下茶叶，可明显降低人工成本，节约厂房用地。

（3）清洁卫生，贮青效果好。机采鲜叶进厂后，可直接投入输送机进行上料，最大限度地避免了外源二次污染；采用吹风、加湿联用装置，对贮青箱体内的贮青叶提供最适宜湿度的空气，从而有效延长鲜叶保质时间。

二、机采鲜叶分级设备

机采鲜叶分级设备是一种根据机采鲜叶芽叶长短、轻重和整碎不同进行分级，以便对不同类型鲜叶进行分类加工的设备，主要包括风力选别机、竹编滚筒式分级机和平面抖抛式分级机等几类。下面对其中目前常用的送风式茶叶风力选别机、竹编滚筒式鲜叶分级机、单层抖抛式机采鲜叶分级机等代表性设备进行介绍。

（一）送风式茶叶风力选别机

茶叶风力选别机是一种原用于茶叶精制的分级设备，目前被广泛应用于机采茶加工中在制品和成品茶分级，也被用于机采鲜叶碎叶片的去除。

1．工作原理

机采鲜叶通过喂料装置从箱体进料口处送入，风机向茶叶风力选别机的分茶箱体内吹风。由于机采叶的体积、形状、容重和迎风面大小存在差异，在风机风力作用下，细嫩、容重较大、体积和迎风面较小的芽叶，落点较近，从分茶箱前部出口排出；粗老、容重较小、体积和迎风面较大的芽叶，落点较远，从分茶箱较后部出口排出；特别是碎叶碎片，容重更小，就被吹至更远处，从箱体后部排出，从而达到机采鲜叶分级目的。

2．主要结构与技术参数

送风式茶叶风力选别机主要由上叶输送装置、送风装置、喂料装置、分茶箱等部件组成（图7-3）。上叶输送装置为一台可自由推动的输送带，将机采鲜叶送上喂料装置。送风装置由风机和风道等组成，风机产生的气流吹入分茶箱。由喂料装置送入分茶箱的机采叶，在气流的吹送下，由于容重及迎风面等特性的不同，从不同出茶口排出，完成机采鲜叶的分级。

以6CEF-40型茶叶风力选别机为例，主要技术参数如表7-2所示。

3．主要特点

（1）使用简单方便，不损伤鲜叶。与筛选分级相比，风力选别机使用非常方便，不存在机械损伤。

（2）对机采鲜叶有一定的要求。适合用于相对较嫩、芽叶长度较短且机械组成较为均匀的机采鲜叶初步分级。

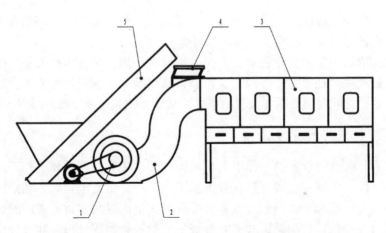

1-风机　2-导风管　3-分茶箱　4-喂料装置　5-上叶输送装置

图 7-3　送风式茶叶风力选别机

表 7-2　6CEF-40 型茶叶风力选别机主要技术参数

项目	主要技术参数
选别档数	7
风扇转速（r/min）	800~1200
风扇电机功率（kW）	1.5
生产能力（kg/h）	≥150
外形尺寸（长×宽×高）（mm）	5530×800×2828

（3）分级效果一般。考虑到机采鲜叶外观物理特性的显著差异性，一般应结合筛选分级进行使用效果好。

（二）竹编滚筒式鲜叶分级机

竹编滚筒式鲜叶分级机是国内最早投入生产使用的锥形滚筒式鲜叶分级机，因分级滚筒采用竹篾材质加工而得名，目前企业拥有率较高。

1．工作原理

将机采鲜叶送入旋转的锥形竹编滚筒筛内，由于筛壁的倾斜，机采鲜叶随滚筒筛转动而不断向前运动，在通过尺寸大小不同的筛孔时，分别从不同筛段逐次落下，从而将机采鲜叶分出大小。

2．主要结构与技术参数

竹编滚筒式鲜叶分级机的主要结构由进料斗、锥形滚筒筛、接茶斗、传动机构及机架组成（图 7-4）。滚筒筛用竹篾编成，采用锥形设计，筛孔由大到小排列，由传动机构带动转动。作业时，鲜叶通过进茶斗进入锥形滚筒，随着滚筒转动，鲜叶则运动在滚筒的倾斜壁上，一边接受分筛一边向前运动。滚筒筛筛孔沿滚筒长度方向按大小分成 2 段或 3 段，机采叶中含梗和长度较长的鲜叶沿筒壁从后端较大筛孔排出机外，含梗较少、长度较短、较细嫩的鲜叶则可穿过前部较小筛孔掉落机外，过长的大鲜叶则沿筒体内壁从出口排出，被分别收集，从而完成机采鲜叶的分级。

竹编滚筒式鲜叶分级机主要技术参数如表 7-3 所示。

3．主要特点

(1) 滚筒式鲜叶分级机结构简单，使用方便，价格便宜。

(2) 鲜叶分级质量尚好，生产中应用普遍。但也存在出现鲜叶红变和挂叶等问题。

(3) 产量较低，一般可在中小型机采茶叶加工企业和农户中使用。

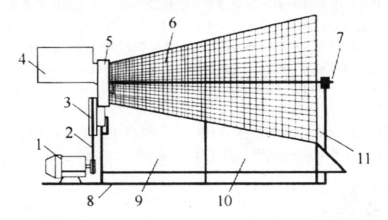

1-电动机　2-三角皮带　3-主动托轮　4-喂料斗　5-摩擦轮　6-竹编锥形筛筒
7-筛筒支架　8-机架　9-最嫩鲜叶集叶板　10-中档鲜叶集叶板　11-较粗老鲜叶集叶板

图 7-4　竹编滚筒式鲜叶分级机

表 7-3　竹编滚筒式鲜叶分级机主要技术参数

项目		主要技术参数
设备尺寸（长×宽×高）（mm）		1960×800×1200
筛孔大小尺寸（mm）	Ⅰ	30
	Ⅱ	20
	Ⅲ	12
电动机功率（kW）		0.37
生产率（kg/h）		≥50

（三）单层抖抛式机采鲜叶分级机

抖抛式机采鲜叶分级机是近几年研制和发展起来的一种新型的机采鲜叶分级机。其中浙江宁波市姚江源机械有限公司研制的单层抖抛式机采鲜叶分级机，效果较好，已在国内许多企业推广应用。

1. 工作原理

传动机构带动曲柄机构并使筛床作往复运转，当把机采鲜叶投送到筛床上时，被筛床向前上方作抖抛运动，机采叶则一边前进，一边被筛分。由于筛床前后段的冲孔大小不同，含梗、不含梗以及长度不同的鲜叶，就会通过不同段筛孔落下，并被分别收集，达到机采鲜叶分级的目的。

2. 主要结构与技术参数

单层抖抛式机采鲜叶分级机的主要结构由机架、筛板及筛板框、进料装置、出料斗、电器控制箱、调速控制器、传动装置、扭簧组件等组成。筛板采用不锈钢板冲孔而成，筛孔大小不同，前后分 3 段布置并作倾斜安装，可根据分级需要选用冲孔直径不同的筛板。传动机构通过曲柄结构带动前后抖动运转，实现机采鲜叶的抖抛。抖抛式机采鲜叶分级机由于作业时机器有震动，故机架需要采用地脚螺栓固定（图 7-5）。

3. 主要特点

（1）分级效果较好。该机生产效率高、使用方便，分级效果较好，不易出现鲜叶红变现象，是当前性能较优良的机采鲜叶分级机。

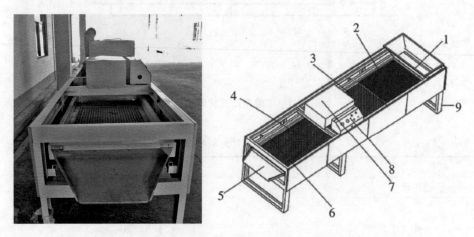

1-进料口　2-小孔径筛板　3-中孔径筛板　4-大孔径筛板　5-最终出料口
6-摆动架主体　7-电动机罩　8-电器箱　9-分级机支撑架

图 7-5　抖抛式机采鲜叶分级机

（2）可实现连续化生产。可配套用于机采鲜叶加工连续化生产线。

（3）价格明显高于竹编滚筒式鲜叶分级机。

抖抛式机采鲜叶分级机的主要技术参数如表7-4所示。

表7-4　抖抛式机采鲜叶分级机的主要技术参数

项目			主要技术参数
电动机频率（Hz）			40~50
筛板振动频率(Hz)			600~1000
基本筛板孔径	Ⅰ（mm）		5×12
	Ⅱ（圆孔，直径）（mm）		18~22
	Ⅲ（圆孔，直径）（mm）		24~30
投叶量（kg/h）			≥150

三、机采鲜叶摊放设备

鲜叶摊放是传统名优绿茶加工的首道工序，目的是散失部分鲜叶水分，促进鲜叶内化学成分的转化，提高绿茶的风味品质，也可以改变鲜叶物理特性，有利于后段工序的加工。考虑到机采鲜叶的生产规模一般较大，一般应采用可连续化作业的鲜叶摊放机为佳。多层网带（链）连续式鲜叶摊放机是目前机采叶加工连续化生产线或单机使用最普遍的鲜叶摊放设备，下面进行简单介绍（图7-6）。

图7-6　鲜叶多层网带连续式摊放机

(一) 工作原理

传动机构带动上叶输送带和箱体内的摊叶网带（链）运转，机采鲜叶被连续不断地送入摊放箱体内，并被均匀摊放在网带(链)上，然后风机由下而上向网带（链）上的叶层吹送冷风或热风，鲜叶随网带（链）连续向前，均匀失水，当达到失水要求后，从出茶口排出，完成摊放。

(二) 主要结构与技术参数

多层网带（链）连续式鲜叶摊放机的主要结构由机架、摊叶网带、冷热风供给系统、传动装置、电器控制系统等构成。摊叶网带(链)使用不锈钢、尼龙丝网或组装式网链，采用运行于箱体两侧的两条链条进行牵引，机构与自动烘干机相似，网带(链)呈游动慢速运行状态，运行速度可调，以保证摊放时间足够，满足鲜叶失水要求。多层网带（链）连续式鲜叶摊放机有多种型号规格，可依鲜叶摊放量需要进行选用。

以6CT-100型多层网带（链）连续式摊放机为例，主要技术参数如表7-5所示。多层网带（链）连续式摊放机工作时，开启电源，通过电气控制箱界面设定鲜叶摊放时间、温度，开机让上叶输送带将鲜叶均匀铺放在摊叶网带上，随着网带的慢速运行，多层网带被摊满，并按需要由风机向叶层吹风，蒸发水分，通过在网带上适当时间的运行，完成鲜叶摊放。

(三) 主要特点

1. 可连续作业

既可配套在连续化生产线中使用，又可单机作业。

2. 鲜叶摊放均匀

摊放温度、时间可控，摊放叶失水均匀，摊放质量良好。

表 7-5　鲜叶多层网带（链）连续式摊放机的主要技术参数

项目	主要技术参数
形式	网带式或网链式
网带式网孔尺寸（mm）	2.5×2.5
摊叶面积（m²）	100
网（链）层数	5
摊叶量（kg）	1000~1500
配用电机功率（kW）	2.8
外形尺寸（长×宽×高）（mm）	15000×1950×2150

第二节　机采茶在制品及毛茶分拣机械

为了提高机采茶的加工品质，在各个加工环节，需对在制品和成品毛茶进行风选、筛分、切茶和拣梗。常用的设备有茶叶解块分筛机、茶叶风力选别机、茶叶平面圆筛机、切茶机和茶叶拣梗机等。

一、茶叶解块分筛机

茶叶解块分筛机（图7-7）是一种在机采叶加工过程中，对在制品揉捻叶进行解块和筛分，从而打散揉捻叶团块和去除碎末片，使筛分叶可分别进行加工的机械。

图7-7　茶叶解块分筛机

（一）工作原理

将揉捻叶由进茶斗或上叶输送带送入解块箱内，箱内解块轮转动，揉捻叶中的团块被解块轮上的打棒打碎，从下部的出茶口排出，落在分筛机构的筛床上，在筛床的往复抖动筛分下，被分筛成粗、细不同的两至三档，将含梗叶和细嫩叶分离开来，并去除揉捻叶中的碎末，以便下一工序的分别加工。

（二）主要结构与技术参数

茶叶解块分筛机的主要结构由进料斗、解块箱与解块滚筒、筛床、机架、传动机构等组成。解块箱与解块滚筒和打稻机的滚筒相像，在似鼠笼的横档上装有打棒，用以打散茶块。筛床装在解块箱的下部，通过偏心装置带动筛床往复抖动运转，用于解块叶的分筛。

以 6CJ-30 型茶叶解块分筛机为例，其主要技术参数如表 7-6 所示。

表 7-6　6CJ-30 型茶叶解块分筛机的主要技术参数

项目		主要技术参数
配用电机功率（kW）		1.1
解块轮转速（r/min）		700~740
筛网尺寸（mm）	I	5~8
	II	10~12
生产率（kg/h）		≥500
外形尺寸（长×宽×高）（mm）		2160×1110×1200

（三）主要特点

1．结构简单

台时产量高，可连续化作业。

2．解块效果好

特别是对含梗茶条和细嫩茶条的分离效果好。

3．筛网易堵塞

需要经常进行清扫和清洗。

二、茶叶风力选别机

茶叶风力选别机是一种利用不同速度、方向的空气流动，分离容重（密度）或外形属性差异较大茶叶的设备，既可用于机采鲜叶的初步分级，也常用于在制叶和成品茶的分级，工作原理和技术参数等具体参见鲜叶分级设备。机采叶加工过程中，一些茶叶加工企业在杀青工序后配备结构简单的杀青叶风选机甚至电风扇等简易设备，将杀青叶中的片末吹除，并将含梗量较多偏老和含梗量较少较嫩的杀青叶分开，以便后序分别加工，效果良好。风选机还可以对机采叶加工的毛茶进行分级处理，去除片末，将含梗粗大茶和不含梗细嫩茶分离，进一步提高毛茶的品质。

三、茶叶平面圆筛机

茶叶平面圆筛机是一种利用茶条在不同筛孔大小组合的筛网上做平面运动，从而对茶叶长短大小进行分离的机械。

（一）工作原理

将机采叶加工的在制品或毛茶叶投放到平面圆筛机有一定倾斜度并做平面旋转运动的筛床上，茶叶在筛面上仅做平面运动，而不跳动，并不断向前。当经过筛孔时，较长的含梗粗大茶条会沿着筛面向前，直至从筛前排出，而嫩度较好、所含茶梗较少、长度又较短的茶条会穿过筛孔落至下一层筛网上继续筛分，从而将长短不同、含梗量不同的在制品毛茶中的梗叶分离开来。

（二）主要结构和技术参数

茶叶平面圆筛机（图7-8）的主要结构由机架、筛床、筛床架、传动结构和上叶输送装置等组成。机架一般由铸铁浇注或用型钢焊接而成，以保证运转时整台机器的稳定。筛床安装在筛床架上，由传动机构带动运转，平面圆筛机作业时常配备4面筛，分筛出来的茶叶由5个出茶口排出。而机器出厂往往配带筛孔大小不同的10多面筛网，供不同茶叶物料筛分时选用。

以6CSY-766型茶叶平面圆筛机为例，主要技术参数如表7-7所示。

图7-8　茶叶平面圆筛机

表7-7　6CSY-766型茶叶平面圆筛机的主要技术参数

项目	主要技术参数
配备筛号（初筛）	4、5、6、7
配备电机功率（kW）	1.12
生产率（kg/h）	≥500
外形尺寸（长×宽×高）（mm）	2440×34200×2510

(三) 主要特点

1. 结构紧凑

运转平稳，台时产量高。

2. 擅长于不同长短茶条的分离

由于机采叶往往长短不一，应用该机进行分离效果良好。

3. 匹配多面筛网可供选用

可用于不同机采鲜叶加工在制品和毛茶的筛分。

四、切茶机

机采茶经筛分后，常有过长或过粗大的茶叶，需要采用切茶机进行切小、切细处理。目前常用的切茶机有用于机采鲜叶切断的鲜叶切断机和用于干茶切断的齿辊式切茶机和螺旋式切茶机等。

(一) 鲜叶切断机

鲜叶切断机是一种采用切刀对茶鲜叶或杀青叶等含水量较高的茶叶进行切断的设备。

1. 工作原理

将机采鲜叶或加工过程中的杀青叶，由传输带送上自动理条装置理直，并采用滚轮压带方式按压将理直叶垂直送入切叶处，根据加工需求调节偏心轮的转动速率带动切刀，对茶叶进行不同长度的切断处理。

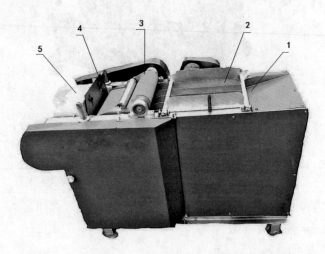

1-进料口　2-理叶板　3-压叶带　4-切刀　5-出料输送带

图7-9　鲜叶切断机

2．主要结构与技术参数

茶叶切断机（图7-9）主要由机座、输送带、茶叶自动理直装置(理叶板)、按压装置（滚轮压带）、切刀等装置组成。茶叶切断长度由输送带的快慢和切刀运转频率共同实现。

以6CQC-220型鲜叶切断机为例，其主要技术参数如表7-8所示。

表7-8　6CQC-220型鲜叶切断机主要技术参数

项目	主要技术参数
切刀宽度（mm）	220
电压（V）	220
配备电机功率（kW）	1.5
生产率（kg/h）	≥100

3．主要特点

（1）使用切刀将茶叶直接切断。效率高。

（2）理条叶切断后，后续可使用割末和风选等方式，对成品茶依形状大小进行分级。

（3）茶叶切段长度可调节。可任意切成长2~100mm的茶叶段。每小时可加工茶叶200~400kg。

（二）齿辊式切茶机

齿辊式切茶机是一种利用转动齿辊与固定齿形切刀相配合进行切茶的设备，在机采茶精制作业中应用广泛。

1．工作原理

齿辊上装有用齿刀垫间隔成等距离的多片齿刀，并与固定齿形切刀相对转动，茶叶由进茶门落入齿刀间，由于转动的齿辊齿刀与固定的齿形切刀的相对运动，便将茶叶切断。

2．主要结构与技术参数

齿辊式切茶机（图7-10）主要由机座、切茶机构、传动机构和贮茶斗等部件组成。切茶机构由齿辊和齿形切刀组成，

图7-10　齿辊式切茶机

143

齿辊用环形齿刀及齿刀垫圈间隔而成，齿刀的切口深浅可通过调节手轮移动齿形切刀来实现。贮茶斗安装在切茶机构上面，为控制适当进茶量，下部设有可调节的进茶门。

以 6CQC-661 型齿辊式切茶机为例，其主要技术参数如表 7-9 所示。

表 7-9　6CQC-661 型齿辊式切茶机的主要技术参数

项目	主要技术参数
齿形切刀调节行程（mm）	25
配备电机功率（kW）	0.75
生产率（kg/h）	≥300
外形尺寸（长×宽×高）（mm）	1050×840×1500

3．主要特点

（1）使用齿辊和齿形切刀将茶叶切断，切茶效率高。

（2）机采叶毛茶切碎后，便于后续工序筛分和拣梗，可使成品茶依形状大小进一步进行分级。

（3）易将叶中的茶梗切断，易使茶梗与长度相当茶条混杂在一起，影响后续工序的拣出。

（三）螺旋式切茶机

螺旋式切茶机是一种依赖滚筒壁上的螺旋与装于螺旋滚筒外的圆弧形筛板相对运动而完成茶叶切断的切茶机，是机采叶毛茶精制作业中通常优先选用的切茶机。

1．工作原理

传动机构带动装有螺旋筋条的滚筒在弧形筛板中转动，当茶叶从进茶斗落入滚筒和弧形筛板的间隙中时，被螺旋筋条推动前进，当斜筋对茶叶产生的作用力超过茶叶所需的切断力时，茶叶则被切断从弧形筛板的孔眼中漏出，并被推动从出茶口排出机外。而未被切断的茶梗和茶叶从尾口直接排出机外。

2．主要结构和技术参数

螺旋式切茶机的主要结构由切茶机构、进茶口、出茶口、传动机构和机架等组成。切茶机构主要由螺旋滚筒与圆弧形筛板组成。滚筒上的螺旋用细圆钢焊制，呈斜筋状。前半段为茶叶输送段，后段斜筋为 4 根，是切茶段。圆弧筛板一般冲有长孔，滚筒与筛板间的间隙可以调整（图 7-11）。

以 6CQC-680 型螺旋式切茶机为例，其主要技术参数如表 7-10 所示。

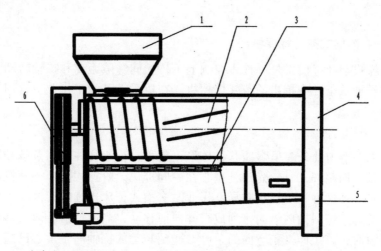

1-进茶斗　2-螺旋滚筒　3-筛板　4-出茶口　5-机架　6-传动机架

图 7-11　螺旋式切茶机

表 7-10　6CQC-680 型螺旋式切茶机的主要技术参数

项目	主要技术参数
螺旋滚筒与弧形筛板间隙（mm）	20~30
配备电机功率（kW）	1.1
螺旋滚筒转速（r/min）	300
生产率（kg/h）	≥200
外形尺寸（长×宽×高）（mm）	1450×825×1250

3．主要特点

（1）结构简单。使用方便，设备投资较低。

（2）保梗性能良好。特别适用于机采茶的切断，是机采叶加工茶切茶工序常首选的切茶设备。

（3）与齿辊式切茶机相比，作业效率较低。

四、机采毛茶拣梗设备

机采鲜叶与传统手采鲜叶相比，由于含梗量较高，虽在加工过程中，对鲜叶、在制品进行过分级处理，但还是有较多茶梗夹杂在成品茶中，故机采毛茶加工的拣梗作业十分重要。拣梗作业使用的设备为茶叶拣梗机，最常用的茶叶拣梗机有阶梯式茶叶拣梗机、高压静电式茶叶拣梗机和色差式茶叶拣梗机等。

(一) 阶梯式茶叶拣梗机

阶梯式茶叶拣梗机是一种靠控制上下拣板间缝隙距离和拣轴转动，将茶叶中的长梗从茶叶中拣出的茶叶拣梗机，在机采毛茶加工作业中常用于茶叶长梗的拣除。

1. 工作原理

机采毛茶中叶条多呈弯曲状，体形不匀称，重心往往距离条端较近。而茶梗多长直而整齐，且较光滑，重心在中间部位。阶梯式茶叶拣梗机就是利用茶叶和茶梗这种物理性状差异，作业时多槽式拣床连续前后振动，使茶叶在拣床的每条倾斜槽内纵向排列成行并向前移动，当通过前后两层多槽板中间的间隙时，较短而又稍弯曲的茶叶在碰到转动的拣轴前，重心已超过多槽板边缘而翻落在沟槽内；较长而圆直的茶梗，因重心尚未超过多槽板边缘，故能保持平衡不前倾，被拣梗轴输送并越跨过沟槽，实现了茶梗和茶叶的分离。为了提高拣剔效果，多槽板一般呈阶梯型布置多层。

2. 主要结构与技术参数

阶梯式茶叶拣梗机 (图 7-12) 的主要结构由拣床、传动机构、进茶斗、出茶斗、出梗斗和机架等组成。拣床由左右墙板、多槽板、拣梗轴、进茶斗、出茶斗、出梗斗等组成。多槽板用铸铝经切削或用铝板冲压而成，一般设置 4~5 层，前倾角 8°左右，拣梗轴一般为直径 6~7mm 的光轴，位于两层多槽板间的空隙中间。作业时由传动结构带动拣床产生连续振动并使拣梗轴转动，实施对机采茶的茶梗拣剔。

以 6CJJ-82 型阶梯式茶叶拣梗机为例，其主要技术参数如表 7-11 所示。

3. 主要特点

(1) 结构简单，价格低廉。

(2) 适用于茶叶中的长梗拣剔，在机采茶精制作业中应用广泛。

(3) 需反复拣剔，作业效率较低。

(二) 高压静电式茶叶拣梗机

高压静电式茶叶拣梗机是一种利用电解质的极化差异而进行茶叶拣梗的设备。

1. 工作原理

当如茶叶一类的电解质 (不带电物

图 7-12 阶梯式茶叶拣梗机

表 7-11　6CJJ-82 型阶梯式茶叶拣梗机的主要技术参数

项目	主要技术参数
拣床振动频率（Hz）	450~550
配备电机功率（kW）	0.55
拣梗轴转速（r/min）	150
生产率（kg/h）	≥30
外形尺寸（长×宽×高）（mm）	1780×1150×1650

质）通过静止不动的带电体产生的电场（静电场）时，会产生极化效应，在组成茶叶的成分中，水是极强型分子。而经过干燥后的茶叶，通常茶梗的含水率明显高于叶条，故送入静电场后极化程度差异明显。高压静电式茶叶拣梗机由高压静电发生器产生高压，输送给静电辊（电极筒），在静电辊与喂料辊（分配筒）间产生了静电场。这时输入到拣梗机中的茶叶，经过喂料辊进入静电场后便产生极化现象，并在下落的同时向曲率半径较小的电极筒作抛物线式偏移，通常茶梗含水率较高，极化程度强，偏移距离大，茶叶的含水率较低，则偏移距离短，通过分别收集，达到梗、叶分离的目的。

2．主要结构

高压静电式茶叶拣梗机（图 7-13）主要由茶叶送给机构、高压静电发生器、分离机构和动力机构等四大部分组成，均装在机架上和柜式箱体内。茶

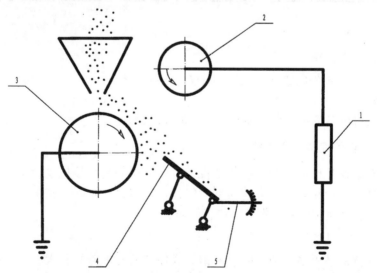

1-高压电源　2-静电辊　3-喂料辊　4-分离板　5-分离板调节手柄

图 7-13　高压静电式茶叶拣梗机

147

叶送给机构包括贮茶斗、输送带、流量控制器和喂料辊等，作用是输送茶叶、控制流量，连续均匀地将茶叶送入高压静电场中。高压静电发生器一般由稳压器、调压器、升压变压器和倍压整流网络等组成。通过调节初级电压，产生直流高压，输送到高压静电辊上。分离机构主要工作部件为静电辊和分离板。静电辊为光滑金属辊筒，端部设有滑环和电刷。分离板为一斜置的绝缘板，通常用有机玻璃制成，其上沿接受下落茶梗，因茶梗和茶叶下落无明显分界线，为提高拣净度，作业时应根据实际情况调节分离板位置。同样为了提高拣净度，高压静电拣梗机一般设置两只静电辊，即重复拣梗 1 次。

以 6CDJ-250 型高压静电式茶叶拣梗机为例，其主要技术参数如表 7-12 所示。

表 7-12　6CDJ-250 型高压静电式茶叶拣梗机的主要技术参数

项目	主要技术参数
静电辊长度×直径（mm）	500×140
静电辊只数	2
静电直流高压（kV）	0~30
配备电机功率（kW）	0.75
拣梗率（%）	30
生产率（kg/h）	≥100
外形尺寸（长×宽×高）（mm）	930×9600×1880

3．主要特点

（1）结构紧凑。

（2）茶叶含水率对拣梗效果影响较大。机采茶含水率为 7% 左右时，拣梗效果最好。

（3）对机采茶中所含细梗和毛衣拣剔效果更好。

（三）色差式茶叶拣梗机

色差式茶叶拣梗机是近些年来投入生产使用的高科技拣梗设备。它使用电脑与高分辨视频识别、高速微型喷气技术相结合，剔除毛茶中不符合要求的茶梗等，已在茶叶拣梗作业中广泛使用。

1．工作原理

茶叶特别是机采茶梗、叶色泽偏绿或偏黄的程度差异较大，一般茶条色泽绿翠，而茶梗色泽偏黄，存在颜色差别即色差。色差式茶叶拣梗机就是利用色差测定系统对茶叶色泽组成参数实施测定，色泽偏绿的茶叶，则会被装有绿色色彩信号色差感应系统的茶叶摄像用彩色 CCD 镜头所捕捉，进行摄影，并将所摄影像输入计算机，通过计算，发出指令，使茶叶通过茶叶通道进入第二次拣梗或排出机外。而茶梗则偏黄，更容易被装有黄色色彩信号的高精度色差感应系统捕捉和收集，进行摄影并输入计算机，通过计算发出指令，使控制送风机运转的电磁阀接通，送风机运转产生的高压空气通过管道和喷嘴吹出强风，把茶梗从含梗的茶叶中吹出，通过茶梗通道和茶梗出料口排出机外，从而完成拣梗作业。

2．主要结构与技术参数

色差式茶叶拣梗机（图 7-14）主要由送料器、摄像用彩色 CCD 镜头、电磁送风和吹气系统、茶梗和茶叶出料口、机架与罩壳和控制系统等组成。送料器是将待拣剔的茶叶送入拣梗机的装置，使被选茶叶更加均匀地下落。茶叶梗、叶摄像用彩色 CCD 镜头是一种应用色差感应的系统，可收集茶叶的梗、叶色彩信号并进行摄影，输入计算机的系统。在接到计算机发出的指令后，电磁送风和吹气系统可通过该系统的电磁喷嘴吹出强风，把茶梗从含梗的茶叶中吹出。茶叶和茶梗分别通过茶梗和茶叶出料口排出机外。控制系统是一种简明易识的触摸键操作平台，大屏幕宽视角彩色显示屏和友好的用户界面，可实现人机对话。

以 SS-B90MCCH 型色差式茶叶拣梗机为例，其主要技术参数如表 7-13 所示。

图 7-14　色差式茶叶拣梗机

表 7-13　SS-B90MCCH 型色差式茶叶拣梗机的主要技术参数

项目	主要技术参数
通道数	90
生产率（kg/h）	≥90
电源电压（V，Hz）	220，50
主机功率（kW）	2.4
气源压强（MPa）	0.6
外形尺寸（mm）	1900×1550×2500

3．主要特点

(1) 技术先进。拣梗性能优良，是今后的发展方向。

(2) 操作方便。生产率高，适用于各种类型机采名优绿茶的拣梗作业。

(3) 设备一次性投资较大。

第三节　机采叶加工的其他配套设备

除了以上一些机采鲜叶常用的设备以外，机采叶加工还需要一些与传统手采鲜叶加工类似的其他配套设备，如茶叶杀青设备、揉捻设备和茶叶干燥做形设备等。但在具体的设备选型上会有不同。

一、机采叶配套杀青设备

名优绿茶加工使用的茶叶杀青机械类型较多。考虑到机采叶一般较手采叶的数量多、叶形大、机械组成差异大等因素，采用的杀青机类型和型号会有所不同，一般多采用中大型的传统滚筒式杀青机、电磁滚筒式茶叶杀青机、热风式杀青机和蒸汽式杀青机等。

(一) 传统滚筒式杀青机

滚筒式杀青机是目前生产中应用最普遍的一种茶叶杀青机，具有杀青效果好、工效高、连续作业的特点，主要由筒体、导叶板、排湿装置、传动装置、机架和外罩装置等部件组成。我国的滚筒式杀青机以滚筒筒体外径厘米数为规格代号，如6CS-50就是指滚筒筒体外径为50cm，机采鲜叶一般使用6CS-60、70、80、110型等中大系列产品为主，杀青叶的均匀度相对较高。

(二) 电磁式滚筒杀青机

电磁式滚筒杀青机 (图7-15) 是近几年由浙江宁波市姚江源机械有限公司研制成功的一种新型节能杀青机，主要由电磁加热装置、温控系统、传动系统等部件组成，具有节能、温控准确、鲜叶杀青均匀度高等突出特点。(1) 节能。使用电磁加热，电能转化为热能的效率特别高。实际应用表明，滚筒预热时间快，可比一般电热管加热滚筒杀青机节约预热时间40%以上，节约杀青电能30%以上，节能效果显著。 (2) 温控准确。该机一般分3~5段分别加热和温度控制，每段温度可控制在±3℃以内。 (3) 杀青叶水分均匀度较高。电磁式滚筒杀青机杀青匀透，叶质柔软，特别适用于含梗量较大、老嫩不匀的机采鲜叶杀匀杀透。

图 7-15 电磁式滚筒杀青机

(三) 热风式滚筒杀青机

热风式滚筒杀青机是一种用高温干燥空气为杀青介质的滚筒式茶叶杀青机，主要由主机滚筒总成、热风炉两大部分组成（图 7-16）。主机滚筒与一般滚筒式杀青机结构基本相似，只是在筒体轴向中心部位配置了中心热风管，热风管管壁密布冲孔，前端与热风炉高温出口相接，将热风均匀送入滚筒，与鲜叶接触，实施杀青。热风炉则由炉体、炉胆、换热器、鼓风机、引烟机、主风机等组成，用于提供杀青所需要的 350℃以上的高温热风。热风式滚筒杀青机杀青均匀彻底，具有杀青叶含水率较一般滚筒杀青机低、台时产量高的

图 7-16 高温热风式滚筒杀青机

特点，适于大型机采叶茶叶加工企业使用。但该机高温热风炉炉膛需用特殊耐高温钢板制造，加之滚筒结构也较复杂，机器价格较传统滚筒杀青机高，能耗也相对较高。

(四) 蒸汽式茶叶杀青机

蒸汽式茶叶杀青机 (图7-17) 是一种以蒸汽为杀青介质的茶叶杀青机。国产蒸汽式茶叶杀青机一般为网带式，由杀青装置、脱水装置、蒸汽发生炉、热风发生炉等部件组成。杀青装置主要工作部件是一条由传动机构带动运转的无端网带，下部设有蒸汽室；蒸汽发生炉产生的蒸汽由风机通过管道送入蒸汽室，并连续从网带下部向上穿透网带上鲜叶，实施杀青；脱水装置主要工作部件同样是一条由传动机构带动运转的无端网带，下部设有热风室。热风发生炉产生的热风由风机通过管道送入热风室，并连续从网带下部向上穿透网带上的蒸青叶层，蒸发水分，完成快速脱水，使蒸青叶含水率迅速下降至60%左右，并保持翠绿，进入传统制茶工艺的后序揉捻与加工。由于蒸汽穿透能力强，而机采茶鲜叶老嫩混杂较严重，蒸汽杀青可保证杀青匀透，并可减少茶叶苦涩味。但蒸青叶的脱水程度较难掌握，技术要求较高。

图 7-17 蒸汽式茶叶杀青机

二、配套揉捻设备

名优绿茶加工中常用的茶叶揉捻设备为盘式揉捻机 (图 7-18)，主要由揉桶、桶盖及其加压结构、揉盘、传动结构等组成，具有机构紧凑、操作方便、揉捻质量良好等优点。其工作原理是：将杀青叶投入揉捻机的揉桶内，随着揉桶的运转，在桶盖的压力、揉桶筒壁的推力及揉盘棱骨反作用力的共同作用下，通过挤压、搓揉、捻条，使叶细胞组织部分破坏，细胞质液外溢，并形成紧细茶条。目前我国茶叶揉捻机以揉桶外径厘米数为规格代号，如6CR-35型揉捻机是指揉桶外径为35cm的揉捻机。考虑到机采鲜叶较传统手采鲜叶粗大，含有较多的粗老茶叶，机采鲜叶的揉捻一般应选用6CR-45、55、65型等中大型的揉捻机。

图7-18 盘式揉捻机

三、配套干燥做形设备

干燥是茶叶加工的最后一道工序，并往往伴随着做形。根据机采鲜叶的特点，可加工名优绿茶的干燥做形设备主要有烘干设备和炒干设备等。

（一）配套烘干设备

茶叶烘干设备是指使用热风穿透叶层完成茶叶干燥的设备。机采鲜叶加工常用的茶叶烘干设备是自动链板式茶叶烘干机，主要由主机箱体（干燥室）、上叶输送带、百页式烘板、传动机构、热风炉和鼓风机等组成。自动链板式茶叶烘干机配套热风炉使用的热源有燃煤、柴油、电和生物质燃料等。我国的茶叶烘干机以烘板摊叶面积的平方米数为规格代号，如6CH-10型茶叶烘干机是指烘板摊叶面积为10m²的烘干机。针对机采鲜叶相对比较粗大，常含有较多的粗老茶叶，机采叶烘干一般应选用6CH-20、25、50型等中大型烘干机（图7-19）。

（二）配套炒干成型设备

茶叶炒干成型机械是形成名优绿茶不同形状特征的关键设备，机采茶炒干常用成型设备主要有滚筒式茶叶炒干机、曲毫形茶炒干机、茶叶理条机和扁形茶炒制机等。

图 7-19　茶叶烘干机

1. 滚筒式茶叶炒干机

滚筒式茶叶炒干机是近些年在滚筒式茶叶杀青机基础上，为适应炒青绿茶连续化加工的要求而开发成功的一种炒干机，主要由滚筒体、加热装置、传动机构和机架等部件组成。机械结构与热风式滚筒杀青机相似，采用在筒体轴线位置安装壁上有出风冲孔的热风管，吹出的热风对茶叶加热并由滚筒筒体对茶叶进行炒制。浙江宁波市姚江源机械有限公司将电磁加热应用于滚筒式茶叶炒干机研制出电磁滚烘机，滚烘效果好，节能显著（图 7-20）。

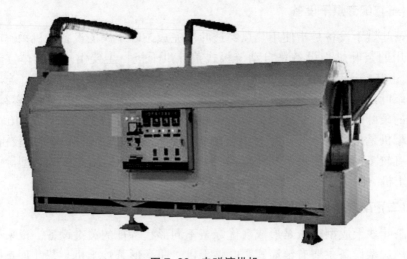

图 7-20　电磁滚烘机

2. 曲毫形茶炒干机

曲毫形茶炒干机（图 7-21）主要用于卷曲形名优茶做形，由炒叶锅、弧形炒板、炉灶、传动机构及机架等部件组成。炒叶锅一般为球形铸铁锅，常用锅口直径为 50cm 和60cm；炉灶采用电或液化气、柴煤等燃料加热；弧形炒板用薄钢板加工，安装在弯轴上按一定摆角和频率运转。作业时，将一定数量揉捻叶投入炒叶锅内炒制，加工叶受热变软，在倾斜炒锅和弧形炒板不断翻炒下，茶条受到炒锅曲面和炒板曲面的共同挤压，形成一个向球心的合力，经较长时间的炒制，叶片会随着水分的散失逐步向颗粒中心收缩，从而使茶条形成近似球形的颗粒状。

图 7-21　曲毫形茶炒干机

3. 茶叶理条机

茶叶理条机（图 7-22）是一种用于理直茶条和干燥的设备，在直条形和针形名优茶生产中广泛应用，主要由多槽锅、传动机构、热源装置和机架等部件组成。多槽锅一般由11 条或 7 条等轴线平行、横截面呈近似于阿基米德螺旋线形状的槽锅联体组合而成，锅体一侧、与槽锅轴线垂直设有一翻板式出茶门，当手提锅体把手将锅体上翻 60°，出茶门自动张开，理条叶流出锅外，完成出叶。在间断式作业茶叶理条机基础上，近些年开发出一系列连续式茶叶理条机，可应用在名优茶加工连续化生产线中。

4. 扁形茶炒制机

扁形茶炒制机（图 7-23）是一种用于以龙井茶为代表的扁形茶炒制成形和干燥的设备。生产中常用的机型有多槽式扁形茶炒制机和长板式扁形茶炒制机等，以长板式扁形茶炒制机为主，目前全国 95% 以上的扁形茶均用该机炒制。该机主要由长形半圆炒叶锅、长形炒叶板、传动机构、热源装置、控

图 7-22　茶叶理条机

图 7-23　扁形茶炒制机

温仪表和机架等部件组成。半圆形炒茶锅用薄钢板卷制，直径约 60cm，长度有 70cm、80cm、90cm 等几种。炒茶锅安装在机架上，锅的上口后半部装有挡叶罩板，中部装有主轴，主轴上装有长板形炒手和不锈钢板炒手。长板形炒手上敷有弹性层，作业时可通过操作加压手柄，使炒叶锅抬高，使炒板接近锅底而实现加压。不锈钢板炒手因用长孔销装在主轴两端的撑杆上，故处于下部时始终可与锅底接触。电热管装于炒叶锅的下方，用于对茶叶锅加热。

第四节　机采叶名优绿茶初加工生产线

茶叶机械化采摘工效高，鲜叶下叶量大，为使机采鲜叶能够及时加工，并缓和越来越紧张的生产用工，机采叶初加工生产线的开发和应用势在必行。现以浙江宁波市某公司开发的机采叶曲毫形茶初加工生产线、毛峰茶初加工生产线、优质长炒青绿茶(香茶) 初加工生产线、扁形名优绿茶机采机制生产线等为例，对机采叶名优绿茶初加工连续化生产线的构成与应用作简单介绍，并可通过传统精制和现代色选技术等进一步提升产品质量。

一、毛峰形名优绿茶初加工生产线

毛峰形名优茶是较为流行的名优茶产品，也是机采鲜叶可加工的主要产品类型之一。

(一) 设计构思

毛峰茶对鲜叶的嫩度、完整度和匀净度都有一定的要求，一般需要采用A 级或优质 B 级机采鲜叶进行加工。因此，加工的重点是去除碎末茶和影响加工的较大或过大的鲜叶，然后尽量去除老片、黄片和提高均匀度。较大或过大的鲜叶可考虑单独做炒青或其他大宗茶。

(二) 工艺流程

鲜叶分级→连续摊放→鲜叶提升→杀青→冷却风选→提升→连续回潮→分配输送→揉捻→出料→提升→动态滚烘炒→冷却摊凉回潮→烘干→冷却风选→摊凉。

(三) 主要设备配备

机采叶毛峰形茶加工连续化生产线常采用模块化设计，整条生产线主要由鲜叶分级模块、鲜叶摊放模块、杀青及回潮模块、揉捻模块、滚烘炒及回潮模块、足烘提香模块等组成 (图 7-24)。

表 7-14 是按 150kg/h 鲜叶处理量设计的机采毛峰茶加工连续化生产线主要设备配置。

1. 鲜叶分级

主要采用由鲜叶输送机、6CXF 抖抛式鲜叶分级机、出料输送机等组成的模块。

图 7-24　机采叶加工毛峰形名优绿茶生产线

表 7-14　机采毛峰茶加工连续化生产线（150kg/h）主要设备配置

序号	设备名称	设备型号	设备数量
1	摊放室气调及摊放设备	/	1
2	滚筒式茶叶杀青机	6CSDC-80 型等	1
3	网带式摊放回潮机	6CTH-60 型	2
4	杀青叶揉捻分配系统	6CRF-55 型	1
5	连续化茶叶揉捻机组	6CR-55 型×4	1
6	振动槽	6CZ-50 型	1
7	茶叶解块机	6CJ-30 型	1
8	滚筒式茶叶炒干机	6CCT-80 型	1
9	自动链板式烘干机	6CH-25 型	2

2．鲜叶处理

采用由摊青房空气处理机组、80m² 连续摊放机及上料、循环输送等组成的鲜叶处理模块。具备加热、制冷、除湿、加湿等功能。制热功率：11kW×2，风量不小于 2800m²×2，加湿量：≥5kg/h×2，抽湿量：≥10kg/h×2。温度控制精度：±2℃，湿度控制精度：±5%，每次鲜叶处理量 800~1000kg。

3．杀青及回潮去片

采用以 6CSDC-80 型滚筒杀青机为主体的包括上料、杀青、排湿、冷却风选、回潮等组件集成的杀青回潮模块。具有可调整并稳定的上料投叶量，精确的杀青机温度（电磁加热并分 3 段控制调整显示，温度波动小于±2℃，具有故障自检、自保护功能），可调整滚筒转速及筒体倾角。集成式排湿装置，无废气、废渣产生。杀青叶出叶后，经风冷后，吹除黄片老叶，进入提升回潮，回潮时间45~150min，无级可调，并采用食品级网链，有效面积不小于 20m²。

4.揉捻（解块筛分）

采用连续化茶叶揉捻机组（6CR–55 型×4），由上料分配装置、揉捻机、出料装置、机架和操作平台及自动控制系统等模块组成。揉筒筒体及揉盘盘面等均采用不锈钢板制造。同时配置解块筛分机进行揉捻叶的解块和筛分。

5.初烘与去片

采用包括上料、滚烘机及输送回潮等装置组成的滚烘炒及回潮模块。滚烘机采用 80 型，其热源采用节能效果显著的电磁加热，筒温分 3 段控制调整和显示，温度波动小于±2℃，具有故障自检、自保护功能。滚筒筒体倾角可调整，并装有集成式排湿装置，亦可采用热风燃油式机型。滚烘与回潮之间采用风冷输送以降低叶温，改善干茶色泽。

6.足烘提香

采用电磁加热或燃油式等自动链板式烘干机、风冷网带式输送装置、在制叶摊凉平台组成的足烘提香模块。烘干机采用 6CH–25 型，风温、风量、烘干时间均可独立设定和调整控制。烘干叶出叶后快速冷却，并通过风选吹除碎末轻飘叶，再摊至摊凉平台，以利于烘干叶快速降温避免色变，保持品质。

二、曲毫形名优绿茶加工生产线

传统曲毫形茶一般使用一芽一叶至一芽三叶鲜叶加工，是一种易于实现机采机制加工的名优茶类型。下面以勾青茶为例介绍机采曲毫形名优绿茶加工生产线的主要设备配置。

（一）设计构思

勾青茶对鲜叶的嫩度、完整度的要求一般都不高，非常适合机采叶加工，一般达到 C 级机采鲜叶标准即可。因此，加工的重点一般是去除碎末茶和影响加工的较大或过大的鲜叶即可。较大或过大的鲜叶可考虑单独做大颗粒勾青或经过切断与其他鲜叶混合加工，当然高级勾青可以分级分类加工。

（二）工艺流程

鲜叶分级→连续摊放→鲜叶提升→杀青→冷却风选→提升→连续回潮→输送分配→揉捻→出料→提升→动态滚烘炒二青→冷却摊凉回潮→曲毫机做

形炒干→足烘→摊凉。

（三）主要设备配置

曲毫形茶加工生产线中的鲜叶分级、鲜叶摊放、杀青回潮、揉捻（筛分）、初烘等工序所使用的设备模块与毛峰形茶加工生产线配备模块及设备组成基本相同（图 7-25）。表 7-15 是按 150kg/h 鲜叶处理量设计的曲毫形茶加工生产线主要设备配置。

图 7-25　机采叶加工曲毫形名优绿茶生产线

表 7-15　曲毫形茶加工生产线（150kg/h）主要设备配置

序号	设备名称	设备型号	设备数量
1	摊放室气调及摊放设备	/	1
2	电磁式茶叶杀青机	6CSDC-80 型	1
3	网带式摊放回潮机	6CTH-60 型	1
4	杀青叶揉捻分配系统	6CRF-55 型	1
5	连续化茶叶揉捻机组	6CR-55 型×4	1
6	振动槽	6CZ-50 型	1
7	解块机	6CJ-30 型	1
8	滚筒式茶叶炒干机	6CCT-80 型	1
9	曲毫茶炒制机	6CCQ-50 或 60 型	5
10	自动链板式烘干机	6CH-16 型	1

1．炒干做形

采用 5 台 6CCQ-50 或 60 型双锅曲毫茶炒干机进行做形炒制，待茶叶已基本呈腰圆形，出锅进行足烘提香。

2．足烘提香

采用燃油或电磁加热的 6CH-16 型自动链板式烘干机、风冷风选网输和摊凉平台组成的烘干模块。

三、香茶加工生产线

香茶是浙江松阳县茶农在炒青绿茶基础上创制的一种优质炒青茶，加工所需要的鲜叶多为一芽二叶或一芽三叶，因此也是一种非常适合机采机制加工的名优绿茶类型。

（一）设计构思

香茶的鲜叶要求略高于勾青茶，而低于毛峰茶。加工的重点和设备、工艺配置参数等可以主要参考勾青茶。

（二）工艺流程

鲜叶分级→连续摊青（控温控湿）→鲜叶提升→杀青→冷却风选→提升→连续回潮→分配输送→揉捻→出料→提升→一次循环动态滚烘炒→冷却摊凉→二次循环滚烘炒→冷却风选→摊凉。

（三）主要设备配置

香茶加工生产线使用的鲜叶分级、鲜叶摊放和揉捻等设备及模块与勾青茶使用的相同（图 7-26）。150kg/h 香茶加工生产线主要设备配置见表 7-16。

图 7-26　机采叶加工香茶生产线

表 7-16　香茶加工生产线（150kg/h）主要设备配置

序号	设备名称	设备型号	设备数量
1	摊放室气调及摊放设备	/	1
2	滚筒式茶叶杀青机	6CSDC-80 型等	1
3	网带式摊放回潮机	6CTH-60 型	1
4	杀青叶揉捻分配系统	6CRF-55 型	1
5	连续化茶叶揉捻机组	6CR-55 型×4	1
6	振动槽	6CZ-50 型	1
7	茶叶解块机	6CJ-30 型	1
8	滚筒式茶叶炒干机	6CCT-80 型	2
9	自动链板式烘干机	6CH-16 型	1

香茶加工生产线配有的循环滚炒模块由两组 6CCT-80 型连续式滚筒炒干机及循环输送装置组成，该机热源采用电磁加热。一、二次循环之间采用摊凉输送，以降低叶温，改善干茶色泽，提升品质。

四、中低档扁形绿茶加工生产线

扁形茶是名优绿茶中生产量最大、单机加工费用较多的名优茶类型，中高档产品的机采机制目前暂时还是难题。近些年来，中低档扁形茶的销售不断增长，采用目前的机采鲜叶，经过一定的处理，完全可以实现机采机制加工。

（一）设计构思

扁形茶的特征是外形"扁平光滑"，所以身骨要紧实，长短也要基本一致。中低档扁形茶一般采用一芽二叶至一芽三叶的鲜叶，与目前优质机采鲜叶的嫩度基本一致。考虑到机采鲜叶的单片多，鲜叶的大小差距较大，加工中应尽量去除单片、老片，收紧身骨，太长、太大的鲜叶需要切断处理。因此考虑采用杀青理条机同时进行杀青和理条，对杀青叶进行筛分，切断过长叶，然后混合做形加工或分别做形加工。

（二）工艺流程

中低档扁形绿茶加工工艺流程见图 7-27。

（三）主要设备配置

中低档扁形茶生产线及其主要设备配置见图 7-28 和表 7-17。

1. 鲜叶摊放

参见毛峰茶加工方法。

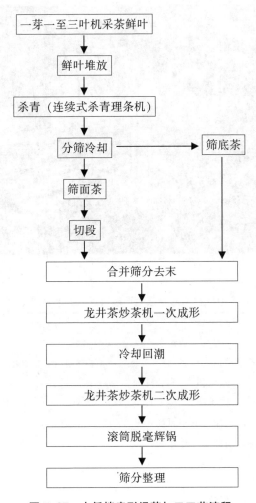

图7-27 中低档扁形绿茶加工工艺流程

2．杀青

采用连续式茶叶杀青理条机进行鲜叶的杀青和理条、收身作业。

3．筛分与切茶

采用平面圆筛机、切茶机进行筛分和切茶，筛出的过大、过长杀青叶采用切茶机切断。

4．干燥做形

采用连续式扁形茶炒制机进行干燥做形，分为初干做形和再干做形2段进行，中间需进行冷却回潮，由自动定量配料系统进行配料。

图 7-28　扁形绿茶生产线

表 7-17　中低档扁形绿茶生产线（20kg/h）主要设备配备

序号	设备名称	设备型号	设备数量
1	摊放室气调及摊放设备	/	1 套
2	连续式杀青理条机	6CSLDB-11-400	2 台
3	筛分机	/	1 台
4	切茶机	/	1 台
5	茶叶自动输送分配系统	20 型	2 套
6	两锅自动扁形茶炒制机	6CCB-981×2	10 台
7	回潮装置	/	1 套
8	单锅自动扁形茶炒制机	6CCB981	10 台
9	滚筒式辉干机	6CMG-72	2 台

5．磨光和提香

茶叶基本成型后由出料输送机输送至末端集中，投入筒式辉干机进行脱毫磨光和提香。

参考文献

权启爱. 1994. 国内采茶机械化的新进展[J].工程与装备，（1）：14-17.

权启爱. 2006. 茶叶杀青机的类别及其性能[J]. 中国茶叶，28（5）：18-21.

权启爱. 2009. 茶叶色选机的工作原理及选用[J]. 中国茶叶，31（1）：28-29.

权启爱. 2016. 我国茶产业发展新常态下的茶叶机械[J]. 中国茶叶，38（1）：5-8.

采茶机械国家专利

一、发明专利

1. 一种电动采茶机

    申请号：201710416851.8；申请日：20170606；主分类号：A01D 46/04；

    公开号：107027427A；公开日：20170811；

    申请人：江苏大学，江苏新田风科农业发展有限公司

2. 一种基于带式切割与贯流收集的手持式智能采茶机

    申请号：201611218985.0；申请日：20161226；主分类号：A01D 46/04；

    公开号：106612943A；公开日：20170510；申请人：华南农业大学

3. 一种采茶机械手

    申请号：201710101260.1；申请日：20170314；主分类号：B25J 9/10；

    公开号：106584446A；公开日：20170426；申请人：四川农业大学

4. 一种电动采茶机

    申请号：201610990973.3；申请日：20161109；主分类号：A01D 46/04；

    公开号：106538149A；公开日：20170329；

    申请人：广西罗城新科双全有机食品有限公司

5. 一种手持式采茶机械

    申请号：201610761779.8；申请日：20160830；主分类号：A01D 46/04；

    公开号：106416613A；公开日：20170222；申请人：石敏

6. 一种吸叶式采摘收集装袋一体光伏电动采茶机

    申请号：201510331165.1；申请日：20150616；主分类号：A01D 46/04；

    公开号：106304957A；公开日：20170111；申请人：周忠新

7. 一种圆盘式采摘收集装袋一体光付电动采茶机

    申请号：201510332258.6；申请日：20150616；主分类号：A01D 46/04；

    公开号：106304958A；公开日：20170111；申请人：周忠新

8. 一种双人采茶机械

    申请号：201610764173.X；申请日：20160830；主分类号：A01D 46/04；

    公开号：106233933A；公开日：20161221；申请人：石敏

9. 一种智能采茶机器人及其采茶方法

申请号：201610627086.X；申请日：20160803；主分类号：A01D 46/04；

公开号：105993387A；公开日：20161012；申请人：扬州市邗江德昌塑料厂

10. 一种手持式采茶机

申请号：201610465576.4；申请日：20160622；主分类号：A01D 46/04；

公开号：105960942A；公开日：20160928；申请人：丽水市瑞智科技开发有限公司

11. 一种新型采茶机系统

申请号：201610514171.5；申请日：20160701；主分类号：A01D 46/04；

公开号：105940860A；公开日：20160921；申请人：时建华

12. 一种便携式采茶机

申请号：201610220433.7；申请日：20160411；主分类号：A01D 46/04；

公开号：105723937A；公开日：20160706；申请人：厦门理工学院

13. 一种手扶自走式双行采茶机

申请号：201510863486.6；申请日：20151201；主分类号：A01D 46/04；

公开号：105359714A；公开日：20160302；申请人：农业部南京农业机械化研究所

14. 一种电动采茶机

申请号：201410410027.8；申请日：20140816；主分类号：A01D 46/04；

公开号：105325119A；公开日：20160217；申请人：桃江县益林茶叶机械有限公司

15. 采茶机

申请号：201510538669.0；申请日：20150828；主分类号：A01D 46/04；

公开号：105123121A；公开日：20151209；申请人：重庆市乾丰茶业有限责任公司

16. 采茶机

申请号：201510099040.0；申请日：20150305；主分类号：A01D 46/04；

公开号：104718883A；公开日：20150624；申请人：安徽古德纳克科技股份有限公司

17. 电动剪切吹风式采茶机

申请号：201510072966.0；申请日：20150212；主分类号：A01D 46/04；

公开号：104704987A；公开日：20150617；申请人：侯巧生

18. 自行式采茶机

申请号：201510138888.X；申请日：20150327；主分类号：A01D 46/04；

公开号：104663134A；公开日：20150603；申请人：重庆理工大学

19. 采茶机

　　申请号：201410644884.4；申请日：20141114；主分类号：A01D 46/04；

　　公开号：104335765A；公开日：20150211；

　　申请人：三江县陆氏茶叶机械制造有限公司

20. 一种智能采茶机

　　申请号：201410526690.4；申请日：20141008；主分类号：A01D 46/04；

　　公开号：104303706A；公开日：20150128；申请人：农业部南京农业机械化研究所

21. 带轨道移动式采茶机构

　　申请号：201410423860.6；申请日：20140826；主分类号：A01D 46/04；

　　公开号：104221598A；公开日：20141224；申请人：浙江工业大学

22. 固定式采茶机构

　　申请号：201410423966.6；申请日：20140826；主分类号：A01D 46/04；

　　公开号：104221599A；公开日：20141224；申请人：浙江工业大学

23. 固定式旋转采茶机构

　　申请号：201410424173.6；申请日：20140826；主分类号：A01D 46/04；

　　公开号：104221600A；公开日：20141224；申请人：浙江工业大学

24. 基于机器视觉的智能化自动切割式采茶机及工作方法

　　申请号：201410216471.6；申请日：20140521；主分类号：A01D 46/04；

　　公开号：103999635A；公开日：20140827；申请人：浙江工业大学

25. 悬浮式采茶机

　　申请号：201410200819.2；申请日：20140512；主分类号：A01D 46/04；

　　公开号：103947374A；公开日：20140730；申请人：中国计量学院

26. 设有多轮防颠簸行走机构的采茶机

　　申请号：201410032448.1；申请日：20140123；主分类号：A01D 46/04；

　　公开号：103766076A；公开日：20140507；申请人：永康市威力园林机械有限公司

27. 大型轨道式采茶机

　　申请号：201410026247.0；申请日：20140121；主分类号：A01D 46/04；

　　公开号：103749089A；公开日：20140430；申请人：杭州正驰达精密机械有限公司

28. 一种乘坐式采茶机

　　申请号：201410001289.9；申请日：20140102；主分类号：B60K 17/04；

　　公开号：103754110A；公开日：20140430；申请人：安徽农业大学

29. 便携式采茶机

　　申请号：201210242616.0；申请日：20120713；主分类号：A01D 46/04；

　　公开号：103535158A；公开日：20140129；申请人：陈纬

30. 一种适于长时间背负的采茶机及工作方法

　　申请号：201310344814.2；申请日：20130808；主分类号：F16F 15/04；

　　公开号：103498888A；公开日：20140108；申请人：苏州市西山宏运材料用品厂

31. 一种减震背负式采茶机及工作方法

　　申请号：201310343671.3；申请日：20130808；主分类号：A01D 46/04；

　　公开号：103477800A；公开日：20140101；申请人：苏州市西山宏运材料用品厂

32. 一种装有内燃机的减震采茶机及工作方法

　　申请号：201310343385.7；申请日：20130808；主分类号：F16F 9/50；

　　公开号：103486186A；公开日：20140101；申请人：苏州市西山宏运材料用品厂

33. 一种装有减震装置的采用内燃机的采茶机及工作方法

　　申请号：201310343384.2；申请日：20130808；主分类号：A01D 46/04；

　　公开号：103477799A；公开日：20140101；申请人：苏州市西山宏运材料用品厂

34. 一种设有减震背架的采茶机及工作方法

　　申请号：201310344019.3；申请日：20130808；主分类号：A01D 46/04；

　　公开号：103416157A；公开日：20131204；申请人：苏州市西山宏运材料用品厂

35. 一种轨道式机械采茶装置及其采茶方法

　　申请号：201310208538.7；申请日：20130530；主分类号：A01D 46/04；

　　公开号：103314717A；公开日：20130925；申请人：句容市茅山茶场

36. 采茶与装盛茶分离方法及太阳能驱动采茶机

　　申请号：201310020146.8；申请日：20130121；主分类号：A01D 46/04；

　　公开号：103229631A；公开日：20130807；申请人：周忠新

37. 采茶机

　　申请号：201310150060.7；申请日：20130426；主分类号：A01D 46/04；

　　公开号：103210745A；公开日：20130724；申请人：易涛

38. 跨行自走乘坐式采茶机及其工作方法

　　申请号：201310057808.9；申请日：20130222；主分类号：A01D 46/04；

　　公开号：103098617A；公开日：20130515；申请人：农业部南京农业机械化研究所

39. 微型螺旋采茶机

　　申请号：201210438970.0；申请日：20121106；主分类号：A01D 46/04；

　　公开号：103053274A；公开日：20130424；申请人：安徽省农业科学院茶叶研究所

40. 一种利用风能转化成机械能的采茶机

　　申请号：201210521290.5；申请日：20121207；主分类号：A01D 46/04；

　　公开号：103004372A；公开日：20130403；申请人：杨夫春

41. 一种安装有多个铅酸蓄电池的采茶机

　　申请号：201210503137.X；申请日：20121130；主分类号：A01D 46/04；

　　公开号：102986373A；公开日：20130327；申请人：杨夫春

42. 一种采茶机

　　申请号：201110271156.X；申请日：20110914；主分类号：A01D 46/04；

　　公开号：102884915A；公开日：20130123；申请人：重庆市农业科学院

43. 电动采茶机

　　申请号：201210319399.0；申请日：20120903；主分类号：A01D 46/04；

　　公开号：102783309A；公开日：20121121；申请人：侯巧生

44. 优质绿茶机械采摘的方法

　　申请号：201210115593.7；申请日：20120419；主分类号：A01D 46/04；

　　公开号：102696344A；公开日：20121003；申请人：湄潭天泰茶业有限公司

45. 直流采茶机

　　申请号：201210157564.7；申请日：20120517；主分类号：A01D 46/06；

　　公开号：102668812A；公开日：20120919；申请人：浙江格瑞斯实业有限公司

46. 一种直流采茶机

　　申请号：201210154821.1；申请日：20120517；主分类号：A01D 46/04；

　　公开号：102648678A；公开日：20120829；申请人：浙江格瑞斯实业有限公司

47. 一种轻便电动采茶机

　　申请号：200810217985.8；申请日：20081205；主分类号：A01D 46/04；

　　公开号：101416580；公开日：20090429；申请人：李明法

48. 轨道式采茶机

　　申请号：200710180811.4；申请日：20071007；主分类号：A01D 46/04；

　　公开号：101401509；公开日：20090408；申请人：龙朝慧

49. 自动采茶机

　　申请号：200410081482.4；申请日：20041215；主分类号：A01D 46/04；

　　公开号：1620848；公开日：20050601；申请人：西南交通大学

50. 采茶机

　　申请号：92109753.0；申请日：19920725；主分类号：A01D 46/04；

　　公开号：1072054；公开日：19930519；申请人：维廉斯高科技国际有限公司

二、实用新型

1. 一种新型采茶机

　　申请号：201620465772.7；申请日：20160519；主分类号：A01D 46/04；

　　公告号：206506883U；公告日：20170922；申请人：安溪县玉庄茶叶机械有限公司

2. 一种移动式可调角度采茶机

　　申请号：201621242620.7；申请日：20161121；主分类号：A01D 46/04；

　　公告号：206354003U；公告日：20170728；申请人：天方茶业股份有限公司

3. 一种卡爪式采茶机

　　申请号：201621271280.0；申请日：20161123；主分类号：A01D 46/04；

　　公告号：206354004U；公告日：20170728；申请人：王璐

4. 一种基于带式切割与贯流收集的手持式智能采茶机

　　申请号：201621436513.8；申请日：20161226；主分类号：A01D 46/04；

　　公告号：206323802U；公告日：20170714；申请人：华南农业大学

5. 一种剪刀头带冷却水的采茶机

　　申请号：201621388300.2；申请日：20161217；主分类号：A01D 46/04；

　　公告号：206294544U；公告日：20170704；申请人：龙朝会

6. 采茶机

　　申请号：201621393507.9；申请日：20161219；主分类号：A01D 46/04；

　　公告号：206274776U；公告日：20170627；

　　申请人：四川省茶马古道生物科技有限公司

7. 手推式采茶机

　　申请号：2016213974035；申请日：2016.12.19；主分类号：A01D46/04；

　　公告号：206274777U；公告日：20170627；申请人：宜宾市乌蒙韵茶业股份有限公司

8. 一种太阳能采茶机

　　申请号：201620834076.9；申请日：20160803；主分类号：A01D 46/04；

　　公告号：206196367U；公告日：20170531；申请人：泉州得力农林机械有限公司

9. 一种小型采茶机

　　申请号：201620975921.4；申请日：20160829；主分类号：A01D 46/04；

　　公告号：206118436U；公告日：20170426；申请人：王伟梅

10. 一种智能采茶机器人

　　申请号：201620831747.6；申请日：20160803；主分类号：A01D 46/04；

　　公告号：206005220U；公告日：20170315；申请人：扬州市邗江德昌塑料厂

11. 一种手持式采茶机

　　申请号：201620629534.5；申请日：20160622；主分类号：A01D 46/04；

　　公告号：205961863U；公告日：20170222；申请人：丽水市瑞智科技开发有限公司

12. 一种新型便携式采茶机

　　申请号：201620803444.3；申请日：20160728；主分类号：A01D 46/04；

　　公告号：205961864U；公告日：20170222；申请人：陈佳仪

13. 一种新型电动采茶机

　　申请号：201620813035.1；申请日：20160730；主分类号：A01D 46/04；

　　公告号：205961865U；公告日：20170222；申请人：陈佳仪

14. 嫩芽采茶机

　　申请号：201620867127.8；申请日：20160811；主分类号：A01D 46/04；

　　公告号：205865141U；公告日：20170111；申请人：王东林

15. 一种采茶机

　　申请号：201620870046.3；申请日：20160811；主分类号：A01D 46/04；

　　公告号：205865143U；公告日：20170111；申请人：夏敬武

16. 一种双人采茶机

　　申请号：201620449173.6；申请日：20160517；主分类号：A01D 46/04；

　　公告号：205755589U；公告日：20161207；申请人：张新萍

17. 一种便捷式采茶机

　　申请号：201620449230.0；申请日：20160517；主分类号：A01D 46/04；

　　公告号：205755591U；公告日：20161207；申请人：张新萍

18. 一种单人背式采茶机

　　申请号：201620504556.9；申请日：20160528；主分类号：A01D 46／04；

　　公告号：205755592U；公告日：20161207；申请人：冯德龙

19. 一种智能采茶机器人

　　申请号：201620459594.7；申请日：20160518；主分类号：A01D 46／04；

　　公告号：205727103U；公告日：20161130；申请人：林海若

20. 一种采茶机械手

　　申请号：201620741201.1；申请日：20160714；主分类号：B25J 15／02；

　　公告号：205734980U；公告日：20161130；申请人：孔兵

21. 一种采茶效果好且省力的电动采茶机

　　申请号：201620329659.6；申请日：20160418；主分类号：A01D 46／04；

　　公告号：205623255U；公告日：20161012；申请人：陈陆海

22. 一种枝条无损采茶机

　　申请号：201620378660.8；申请日：20160430；主分类号：A01D 46／04；

　　公告号：205623256U；公告日：20161012；申请人：张启华

23. 一种可自动收取茶叶的采茶机

　　申请号：201620378676.9；申请日：20160430；主分类号：A01D 46／04；

　　公告号：205623257U；公告日：20161012；申请人：张启华

24. 一种电动多功能采茶机

　　申请号：201620069331.5；申请日：20160122；主分类号：A01D 46／04；

　　公告号：205584810U；公告日：20160921；申请人：武汉世纪维邦园林机械有限公司

25. 一种风吹式电动采茶机

　　申请号：201620374036.0；申请日：20160428；主分类号：A01D 46／04；

　　公告号：205567125U；公告日：20160914；申请人：黄淑敏

26. 一种便携式采茶机

　　申请号：201620295128.X；申请日：20160411；主分类号：A01D 46／04；

　　公告号：205454650U；公告日：20160817；申请人：厦门理工学院

27. 一种手扶自走式双行采茶机

　　申请号：201520977397.X；申请日：20151201；主分类号：A01D 46／04；

　　公告号：205249821U；公告日：20160525；申请人：农业部南京农业机械化研究所

28. 一种安全稳定型采茶机

    申请号：201520313453.X；申请日：20150514；主分类号：A01D 46/04；

    公告号：205232834U；公告日：20160518；申请人：浙江省新昌县澄潭茶厂

29. 一种园盘式采摘收集装袋一体操作的光伏驱动采茶机

    申请号：201520414253.3；申请日：20150616；主分类号：A01D 46/04；

    公告号：205213436U；公告日：20160511；申请人：周忠新

30. 一种可调距的轻型采茶机

    申请号：201520861674.0；申请日：20151030；分类号：A01D 46/04；

    公告号：205142898U；公告日：20160413；申请人：永康市威力园林机械有限公司

31. 一种可调距扶叶的采茶机

    申请号：201520862358.5；申请日：20151030；主分类号：A01D 46/04；

    公告号：205142899U；公告日：20160413；申请人：永康市威力园林机械有限公司

32. 一种采茶机

    申请号：201520810992.4；申请日：20151019；主分类号：A01D 46/04；

    公告号：205124375U；公告日：20160406；专利权人：湖北赤壁赵李桥茶业有限公司

33. 一种小型采茶机

    申请号：201520916016.7；申请日：20151117；主分类号：A01D 46/04；

    公告号：205105661U；公告日：20160330；申请人：云南工程职业学院

34. 一种双人采茶机

    申请号：201520592889.7；申请日：20150803；主分类号：A01D 46/04；

    公告号：205040258U；公告日：20160224；申请人：浙江川崎茶业机械有限公司

35. 一种省力易收集式采茶机

    申请号：201520600873.6；申请日：20150812；主分类号：A01D 46/04；

    公告号：205040259U；公告日：20160224；申请人：福建永春县万品春茶叶有限公司

36. 软轴传动式电动采茶机

    申请号：201520746748.6；申请日：20150924；主分类号：A01D 46/04；

    公告号：205040260U；公告日：20160224；

    申请人：刘幼生，武汉中质先锋科技发展有限公司

37. 一种采茶效果好且省力的电动采茶机

    申请号：201520635725.8；申请日：20150823；主分类号：A01D 46/04；

    公告号：204907184U；公告日：20151230；申请人：安溪县贤彩茶叶机械有限公司

38. 一种电动行走的负压采茶机

　　申请号：201520320426.5；申请日：20150515；主分类号：A01D 46/04；

　　公告号：204860114U；公告日：20151216；申请人：浙江省新昌县澄潭茶厂

39. 一种吸叶式采摘收集装袋一体光伏电动采茶机

　　申请号：201520412901.1；申请日：20150616；主分类号：A01D 46/04；

　　公告号：204837110U；公告日：20151209；申请人：周忠新

40. 一种筛选茶叶的电动采茶机

　　申请号：201520389425.6；申请日：20150608；主分类号：A01D 46/04；

　　公告号：204762225U；公告日：20151118；申请人：廖梓婷

41. 一种轻便型采茶机

　　申请号：201520348363.4；申请日：20150527；主分类号：A01D 46/04；

　　公告号：204697531U；公告日：20151014；申请人：四川省农业机械研究设计院

42. 一种采茶机

　　申请号：201520070697.X；申请日：20150202；主分类号：A01D 46/04；

　　公告号：204616437U；公告日：20150909；申请人：福建原田农机制造有限公司

43. 一种茶园自走式采茶机

　　申请号：201520124451.6；申请日：20150303；主分类号：A01D 46/04；

　　公告号：204579178U；公告日：20150826；申请人：安徽农业大学

44. 一种自行式采茶机

　　申请号：201520177996.3；申请日：20150327；主分类号：A01D 46/04；

　　公告号：204518510U；公告日：20150805；申请人：重庆理工大学

45. 电动剪切吹风式采茶机

　　申请号：201520099345.7；申请日：20150212；主分类号：A01D 46/04；

　　公告号：204498784U；公告日：20150729；申请人：侯巧生

46. 采茶机

　　申请号：201520128931.X；申请日：20150305；主分类号：A01D 46/04；

　　公告号：204498785U；公告日：20150729；申请人：安徽古德纳克科技股份有限公司

47. 筛选采茶机

　　申请号：201420820859.2；申请日：20141222；主分类号：A01D 46/04；

　　公告号：204335366U；公告日：20150520；申请人：杨六尧

48. 一种半自动式电动采茶机

申请号：201420676739.X；申请日：20141113；主分类号：A01D 46/04；

公告号：204272698U；公告日：20150422；申请人：安徽农业大学

49. 一种智能采茶机

申请号：201420579336.3；申请日：20141008；主分类号：A01D 46/04；

公告号：204180567U；公告日：20150304；申请人：农业部南京农业机械化研究所

50. 一种带式仿手工连续采茶机

申请号：201420327430.X；申请日：20140619；主分类号：A01D 46/04；

公告号：204168779U；公告日：20150225；申请人：浙江省新昌县澄潭茶厂

51. 一种高效微型电动采茶机

申请号：201420547779.4；申请日：20140923；主分类号：A01D 46/04；

公告号：204168780U；公告日：20150225；申请人：许有忠

52. 一种采茶机

申请号：201420492341.0；申请日：20140828；主分类号：A01D 46/04；

公告号：204146048U；公告日：20150211；申请人：安徽山葛老天然食品有限公司

53. 一种固定式旋转采茶机构

申请号：201420483926.6；申请日：20140826；主分类号：A01D 46/04；

公告号：204119818U；公告日：20150128；申请人：浙江工业大学

54. 一种固定式采茶机构

申请号：201420484311.5；申请日：20140826；主分类号：A01D 46/04；

公告号：204119819U；公告日：20150128；申请人：浙江工业大学

55. 一种采茶机

申请号：201420433182.7；申请日：20140803；主分类号：A01D 46/04；

公告号：204090561U；公告日：20150114；申请人：王伟梅

56. 一种带轨道移动式采茶机构

申请号：201420483031.2；申请日：20140826；主分类号：A01D 46/04；

公告号：204047211U；公告日：20141231；申请人：浙江工业大学

57. 一种新型太阳能采茶机

申请号：201420357111.3；申请日：20140701；主分类号：A01D 46/04；

公告号：204031837U；公告日：20141224；申请人：皖西学院

58. 链式采茶机

　　申请号：201420392452.4；申请日：20140716；主分类号：A01D 46/04；

　　公告号：204014520U；公告日：20141217；申请人：浙江工业大学

59. 太阳能便携式高精度采茶机

　　申请号：201420400677.X；申请日：20140721；主分类号：A01D 46/04；

　　公告号：203968698U；公告日：20141203；申请人：湖北正唐电气有限公司

60. 一种轻型采茶机

　　申请号：201420383174.6；申请日：20140711；主分类号：A01D 46/04；

　　公告号：203951848U；公告日：20141126；申请人：郭璨文

61. 一种微型负压采茶机

　　申请号：201420319420.1；申请日：20140616；主分类号：A01D 46/04；

　　公告号：203912587U；公告日：20141105；申请人：浙江省新昌县澄潭茶厂

62. 一种新型太阳能采茶机

　　申请号：201420282465.6；申请日：20140526；主分类号：A01D 46/04；

　　公告号：203827740U；公告日：20140917；申请人：北华航天工业学院

63. 大型轨道式采茶机

　　申请号：201420037511.6；申请日：20140121；主分类号：A01D 46/04；

　　公告号：203748267U；公告日：20140806；申请人：杭州正驰达精密机械有限公司

64. 具有扶叶机构的采茶机

　　申请号：201420180108.9；申请日：20140415；主分类号：A01D 46/04；

　　公告号：203748268U；公告日：20140806；申请人：农业部南京农业机械化研究所

65. 一种乘座式采茶机

　　申请号：201420001776.0；申请日：20140102；主分类号：B60K 17/04；

　　公告号：203681261U；公告日：20140702；申请人：安徽农业大学

66. 设有多轮防颠簸行走机构的采茶机

　　申请号：201420043569.1；申请日：20140123；主分类号：A01D 46/04；

　　公告号：203646083U；公告日：20140618；申请人：永康市威力园林机械有限公司

67. 采茶机

　　申请号：201320265687.2；申请日：20130515；主分类号：A01D 46/04；

　　公告号：203340606U；公告日：20131218；申请人：吴青岛

68. 一种采茶机

    申请号：201320397107.5；申请日：20130705；主分类号：A01D 46/04；

    公告号：203313688U；公告日：20131204；申请人：刘磊

69. 一种采茶机

    申请号：201320103782.2；申请日：20130307；主分类号：A01D 46/04；

    公告号：203302004U；公告日：20131127；申请人：周红卫

70. 采茶机

    申请号：201320219734.X；申请日：20130426；主分类号：A01D 46/04；

    公告号：203289908U；公告日：20131120；申请人：易涛

71. 轻便安全电动采茶机

    申请号：201320343904.5；申请日：20130617；主分类号：A01D 46/04；

    公告号：203279517U；公告日：20131113；申请人：许忠云

72. 电动采茶机

    申请号：201320244682.1；申请日：20130508；主分类号：A01D 46/04；

    公告号：203251649U；公告日：20131030；申请人：施申元

73. 一种背负式单人采茶机

    申请号：201320270774.7；申请日：20130517；主分类号：A01D 46/04；

    公告号：203206756U；公告日：20130925；申请人：永康市威力园林机械有限公司

74. 节能采茶机

    申请号：201320189514.7；申请日：20130412；主分类号：A01D 46/04；

    公告号：203206755U；公告日：20130925；申请人：杭州正驰达精密机械有限公司

75. 跨行自走乘坐式采茶机

    申请号：201320083843.3；申请日：20130222；主分类号：A01D 46/04；

    公告号：203194156U；公告日：20130918；申请人：农业部南京农业机械化研究所

76. 电动采茶机

    申请号：201320179718.2；申请日：20130411；主分类号：A01D 46/04；

    公告号：203181582U；公告日：20130911；申请人：林城

77. 一种新型采茶机

    申请号：201320112430.3；申请日：20130313；主分类号：A01D 46/04；

    公告号：203167591U；公告日：20130904；申请人：长沙县金湘园农业科技有限公司

78. 便携提升式电动采茶机

　　申请号：201220717956.X；申请日：20121224；主分类号：A01D 46/04；

　　公告号：203072385U；公告日：20130724；

　　申请人：安顺市虹翼特种钢球制造有限公司

79. 一种微型螺旋采茶机

　　申请号：201220581590.8；申请日：20121106；主分类号：A01D 46/04；

　　公告号：203040202U；公告日：20130710；申请人：安徽省农业科学院茶叶研究所

80. 背负重式电动茶叶采收机

　　申请号：201220298806.X；申请日：20120625；主分类号：A01D 46/04；

　　公告号：202941161U；公告日：20130522；申请人：周忠新

81. 电动采茶机

　　申请号：201220442556.2；申请日：20120903；主分类号：A01D 46/04；

　　公告号：202722047U；公告日：20130213；申请人：侯巧生

82. 便携式采茶机

　　申请号：201220339605.X；申请日：20120713；主分类号：A01D 46/04；

　　公告号：202697280U；公告日：20130130；申请人：陈纬

83. 一种环保电动采茶机

　　申请号：201220290713.2；申请日：20120620；主分类号：A01D 46/04；

　　公告号：202635121U；公告日：20130102；申请人：湖北星源机械有限责任公司

84. 一种直流采茶机

　　申请号：201220228119.0；申请日：20120517；主分类号：A01D 46/04；

　　公告号：202524771U；公告日：20121114；申请人：浙江格瑞斯实业有限公司

85. 直流采茶机

　　申请号：201220223574.1；申请日：20120517；主分类号：A01D 46/04；

　　公告号：202524770U；公告日：20121114；申请人：浙江格瑞斯实业有限公司

86. 环保节能型单人电动采茶机

　　申请号：201220152107.4；申请日：20120408；主分类号：A01D 46/04；

　　公告号：202524769U；公告日：20121114；申请人：郭放苏

87. 一种采茶机

　　申请号：201220082262.3；申请日：20120307；主分类号：A01D 46/04；

　　公告号：202496217U；公告日：20121024；申请人：黎平县玉环机械制造修配厂

88. 一种采茶机

　　申请号：201220076928.4；申请日：20120302；主分类号：A01D 46/04；

　　公告号：202444808U；公告日：20120926；申请人：龙朝会

89. 采茶机

　　申请号：201120154158.6；申请日：20110503；主分类号：A01D 46/04；

　　公告号：202043459U；公告日：20111123；申请人：吴四玉

90. 一种新型背负式采茶机

　　申请号：201120054909.7；申请日：20110303；主分类号：A01D 46/04；

　　公告号：201986399U；公告日：20110928；申请人：安溪县神工农林机械有限公司

91. 一种新型采茶机风机

　　申请号：201120001271.0；申请日：20110105；主分类号：F04D 25/08；

　　公告号：201963565U；公告日：20110907；申请人：安溪县神工农林机械有限公司

92. 一种电动采茶机

　　申请号：201020682940.0；申请日：20101220；主分类号：A01D 46/04；

　　公告号：201928662U；公告日：20110817；申请人：陈光富

93. 一种电动采茶机

　　申请号：201020556098.6；申请日：20101011；主分类号：A01D 46/04；

　　公告号：201821676U；公告日：20110511；申请人：林清苗

94. 直流电动茶叶采摘机

　　申请号：201020302633.5；申请日：20100208；主分类号：A01D 46/04；

　　公告号：201709144U；公告日：20110119；申请人：黄文平，王君民

95. 手摇采茶机

　　申请号：201020244972.2；申请日：20100702；主分类号：A01D 46/04；

　　公告号：201700168U；公告日：20110112；申请人：刘军

96. 采茶机

　　申请号：201020246882.7；申请日：20100628；主分类号：A01D 46/04；

　　公告号：201690793U；公告日：20110105；申请人：王富斌

97. 直流电动修剪采摘多功能机

　　申请号：200920316226.7；申请日：20091130；主分类号：A01D 46/04；

　　公告号：201630020U；公告日：20101117；申请人：黄文平，王君民

98. 一种有利于收拢茶叶的电动采茶器

申请号：200920295110.X；申请日：20091225；主分类号：A01D 46/04；

公告号：201577318U；公告日：20100915；申请人：何妃连

99. 便携式电动采茶机

申请号：200920191288.X；申请日：20090812；主分类号：A01D 46/04；

公告号：201571350U；公告日：20100908；申请人：张国华

100. 微型名茶采茶机

申请号：200920119120.8；申请日：20090504；主分类号：A01D 46/04；

公告号：201450853U；公告日：20100512；申请人：钱争光，严春地

101. 采茶机

申请号：200920138520.3；申请日：20090531；主分类号：A01D 46/04；

公告号：201409313；公告日：20100224；申请人：吴荣鑫

102. 一种采茶机

申请号：200820230204.4；申请日：20081209；主分类号：A01D 46/04；

公告号：201393403；公告日：20100203；申请人：涂绍贤

103. 手提电动采茶机

申请号：200920140844.0；申请日：20090515；主分类号：A01D 46/04；

公告号：201383946；公告日：20100120；申请人：莫鹏

104. 便携式茶叶采摘机

申请号：200820165718.6；申请日：20081009；主分类号：A01D 46/04；

公告号：201274661；公告日：20090722；申请人：张伟平，张正宽

105. 茶叶采摘机

申请号：200820164511.7；申请日：20080918；主分类号：A01D 46/04；

公告号：201263312；公告日：20090701；申请人：石柏山

106. 直流电动采茶机

申请号：200720193562.8；申请日：20071104；主分类号：A01D 46/04；

公告号：201123254；公告日：20081001；申请人：占行波

107. 便携式采茶机

申请号：200720105152.3；申请日：20071108；主分类号：A01D 46/04；

公告号：201115348；公告日：20080917；申请人：莫鹏

108. 一种便携式名优茶采摘机

    申请号：200720184003.0；申请日：20071016；主分类号：A01D 46/04；

    公告号：201094199；公告日：20080806；申请人：中国农业科学院茶叶研究所

109. 轻便电动采茶机

    申请号：200720080257.8；申请日：20070711；主分类号：A01D 46/04；

    公告号：201091120；公告日：20080730；申请人：闵志刚

110. 一种新型多功能采茶机

    申请号：200720125839.3；申请日：20070713；主分类号：A01D 46/04；

    公告号：201084928；公告日：20080716；申请人：黄峰

111. 电动采茶机

    申请号：200720122874.X；申请日：20070319；主分类号：A01D 46/04；

    公告号：201025782；公告日：20080227；申请人：杨枝斌

112. 便携式电动采茶机

    申请号：200620172352.6；申请日：20061215；主分类号：A01D 46/04；

    公告号：201001292；公告日：20080109；申请人：卢万银

113. 割收同步采茶机

    申请号：200620128396.9；申请日：20061206；主分类号：A01D 46/04；

    公告号：200983764；公告日：20071205；申请人：邹玉兰

114. 单人采茶机

    申请号：200520136812.5；申请日：20051202；主分类号：A01D 46/04；

    公告号：200953755；公告日：20071003；申请人：梁桂清

115. 筛盘式采茶机

    申请号：200520098165.3；申请日：20050922；主分类号：A01D 46/04；

    公告号：2840640；公告日：20061129；申请人：谭伟

116. 一种采茶机

    申请号：200520024058.6；申请日：20050516；主分类号：A01D 46/04；

    公告号：2785341；公告日：20060607；申请人：邹玉兰

117. 采茶机

    申请号：200420052654.0；申请日：20040802；主分类号：A01D 46/04；

    公告号：2712066；公告日：20050727；申请人：刘艳菊

118. 采茶器

  申请号：200420035289.2；申请日；20040309；主分类号：A01D 46/04；

  公告号：2707006；公告日：20050706；申请人：胡启威

119. 手扶式双人采茶机

  申请号：200420021459.1；申请日：20040325；主分类号：A01D 46/04；

  公告号：2688034；公告日：20050330；申请人：杭州川崎茶业机械有限公司

120. 背负式单人采茶机

  申请号：03254167.8；申请日：20030521；主分类号：A01D 46/04；

  公告号：2618424；公告日：20040602；申请人：黄光耀

121. 手提式单人采茶机

  申请号：03254171.6；申请日：20030521；主分类号：A01D 46/04；

  公告号：2617134；公告日：20040526；申请人：黄光耀

122. 便携式手提采茶机

  申请号：01227482.8；申请日：20010621；主分类号：A01D 46/04；

  公告号：2488264；公告日：20020501；申请人：陈颖

123. 一种轻便的采茶、园林修剪两用机

  申请号：98249344.4；申请日：19981211；主分类号：A01D 46/04；

  公告号：2359876；公告日：20000126；申请人：周国濂，高瑞芬

124. 一种小功率电动采茶机

  申请号：98213029.5；申请日：19980222；主分类号：A01D 46/04；

  公告号：2321204；公告日：19990602；申请人：邵陆寿

125. 电动采茶机

  申请号：96237825.9；申请日：19961126；主分类号：A01D 46/04；

  公告号：2267628；公告日：19971119；申请人：张明

126. 采茶机

  申请号：95220594.7；申请日：19950902；主分类号：A01D 46/04；

  公告号：2232662；公告日：19960814；申请人：吴允才

127. 一种微功率电动采茶机

  申请号：92225538.5；申请日：19920623；主分类号：A01D 46/04；

  公告号：2127818；公告日：19930310；申请人：邵陆寿

NY/T 3129—2018

中华人民共和国农业行业标准

机采机制茶叶加工技术规程　长炒青

Technical cade for processing of machine-made tea based on machine-picking leaves
——Long-shape roasted green tea

（报批稿）

中华人民共和国农业部 发布

183

前　言

本标准按照 GB/T 1.1—2009 给出的规则起草。

本标准由中华人民共和国农业部提出并归口。

本标准起草单位：中国农业科学院茶叶研究所、浙江省农业技术推广中心。

本标准主要起草人：尹军峰、陆德彪、袁海波、陈根生、邓余良、鲁成银、阮建云、石元值、毛祖法、王岳梁、张兰美、潘建义。

机采机制茶叶加工技术规程　长炒青

1　范围

本标准规定了术语和定义、加工场所基本要求、机采鲜叶要求、工艺流程及设备、鲜叶分级与摊放、杀青、揉捻与解块、干燥和毛茶整理。

本标准适用于以机采鲜叶为原料加工成的长炒青。

2　规范性引用文件

下列文件对于本文件的应用是必不可少的。凡是注日期的引用文件，仅注日期的版本适用于本文件。凡是不注日期的引用文件，其最新版本（包括所有的修改单）适用于本文件。

GB/T 31748 茶鲜叶处理要求

GB/T 32744 茶叶加工良好规范

3　术语和定义

GB/T 31748 界定的以及下列术语及定义使用于本文件。

3.1

机采机制茶叶 machine-made tea based on machine-picking leaves

以采茶机采摘的鲜叶为原料，采用茶叶机械加工而成的干茶。

3.2

长炒青 roasting green tea with bar-shape

经杀青、揉捻、解块筛分，采用炒干方式或烘炒方式干燥加工制成的长条形绿茶。

4　加工场所基本要求

加工场所的厂区环境、厂房与设施、加工设备与用具、卫生管理、加工过程管理、产品管理等，应符合 GB/T 32744 的相关要求。

5　机采鲜叶要求

5.1　基本要求

机采鲜叶要求新鲜、无劣变、无异味。用于同批次加工的鲜叶等级应基本一致。

5.2　贮运

按照 GB/T 31748 执行。

6　工艺流程及设备

6.1　工艺流程

鲜叶分级与摊放→杀青→揉捻与解块→干燥→毛茶整理。机采机制长炒青参数参见附录 A。

6.2 加工设备

鲜叶分级机、摊青设施、滚筒杀青机、热风杀青机、揉捻机、解块机、筛分机、烘干机、炒干机、风选机和色选机等设备。

7 鲜叶分级与摊放

7.1 鲜叶分级

7.1.1 机采鲜叶进厂后，应进行分级处理。

7.1.2 可采用滚筒旋转、旋转风选、平面振动等现有鲜叶分级方式，推荐使用平面振动式鲜叶分级方式。

7.1.3 依鲜叶大小及其匀整度选择适宜的分级工艺参数，去除机采鲜叶中的碎片和断芽，鲜叶主体部分差异较大的应采取分类加工。机采机制长炒青分级分类方式推荐表与机采鲜叶分级机（平面振动式）筛板示意图及孔径配置参数参见附录 B。

7.2 鲜叶摊放

7.2.1 分级处理后的鲜叶应立即摊放。摊放使用竹匾、篾垫等专用设备，不应直接摊放在地面。

7.2.2 摊放场地应清洁卫生、阴凉、温度低于 30℃、无异味、空气流通，应避免阳光直射。

7.2.3 摊放叶层厚度宜控制在 20 cm 以内，当叶面失去光泽、叶质柔软、微露清香、含水率在 68 %~72 %转入杀青工序。摊青期间要轻微翻拌、翻匀，避免机械损伤。

8 杀青

8.1 杀青

8.1.1 采用滚筒杀青机连续杀青。用红外测温仪测定，当滚筒中段内壁温度达到 200 ℃~230 ℃时，开始均匀连续投叶。

8.1.2 杀青应杀透杀匀，至叶色暗绿，叶质柔软，无焦边焦叶，含水率在（60±2）%。

8.1.3 在杀青过程中，宜使用风扇和鼓风机等辅助设备进行排湿。

8.1.4 应在杀青机后端增加专用风力分选机或风力去片装置等设备，去除杀青叶中的黄片、老片和碎叶片。

8.2 摊凉回潮

8.2.1 杀青叶应采用摊凉平台、篾垫等摊凉设施快速冷却至室温。

8.2.2 杀青叶摊凉至常温后进行回潮，时间控制在 60 min~150 min，至手捏茶叶成团揉软、不刺手。

9　揉捻与解块

9.1　揉捻

9.1.1　摊凉回潮后，采用揉捻机进行揉捻。

9.1.2　投叶量视机型大小、叶质老嫩情况而定，以手压紧实为适宜。压力应按照"先轻后重、逐步加压、最后松压"的原则，至成条率达到 60 %以上，条索紧致。

9.2　解块

采用解块机解散成团块状的揉捻叶。

10　干燥

10.1　揉捻后采用烘干机、锅式炒干机、滚筒炒干机等设备进行干燥。

10.2　干燥分为二青、三青和辉干 3 段干燥过程，每段干燥之间应进行摊凉回潮处理。

10.3　根据设备和工艺选择合适的干燥组合方式。典型干燥方式主要有 3 种：烘–炒–滚、滚–炒–滚、滚–滚–滚，具体工艺参数可参见附录 C。

11　毛茶整理

11.1　采用筛分机、风选机等物理分级设备对干茶进行筛分和风选，去除片茶和碎末茶，并依据产品要求分档归堆。

11.2　采用茶叶色选机对机械整理后的茶叶进行拣梗剔杂处理，去除茶梗、黄片和非茶杂物等，提高茶叶净度和均匀性。

附 录 A

（资料性附录）

机采机制长炒青工艺技术规程图例

依据机采机制长炒青工艺流程给出了工艺技术规程图例见表 A.1。

表 A.1 机采机制长炒青工艺技术规程图例

工序	工艺图	技术参数
鲜叶分级		茶鲜叶分级机具体参数参见资料性附录 B
鲜叶摊放		摊叶厚度宜控制在 20 cm 以内，雨水叶应适当薄摊，摊至叶色变暗、叶质柔软、露清香、含水率在 68%~72%
杀青		滚筒中段内壁温度达到 200℃~230℃时开始投叶。70 型投叶 70kg/h~85kg/h，80 型投叶 90kg/h~100kg/h，90 型投叶 140kg/h~180kg/h；至叶色暗绿、叶质柔软、（60 ±2）%含水率为宜
摊凉回潮		杀青叶摊凉至常温。回潮时间控制在 60min~150min，至手捏茶叶成团揉软、不刺手
揉捻		压力按照"先轻后重、逐步加压、最后松压"的原则。45 型揉捻机每筒投叶 20kg~30kg，55 型揉捻机每筒投叶 35kg~45kg
解块		选用解块机解散成团块状的揉捻叶
干燥		采用烘、炒、滚 3 种干燥方式经 3 个干燥阶段逐渐干燥，典型干燥工艺与组合方式可参见附录 C
毛茶整理		采用茶叶筛分机、风选机、色选机等对茶叶进行精制，进一步去除黄片、碎末茶、茶梗和非茶杂物，提高茶叶净度和均匀性

附 录 B

（资料性附录）

机采机制长炒青分级分类方式推荐表与机采鲜叶分级机（平面振动式）筛板示意图及孔径配置参数

机采鲜叶加工长炒青分级分类推荐表见表 B.1，机采鲜叶分级机（平面振动式）筛分孔径配置参数及振动频率见表 B.2，鲜叶分级机筛板示意图见图 B.1。

表 B.1 机采机制长炒青分级分类方式推荐表

等级	机采鲜叶机械组成	长炒青级别 *	是否需要分类加工
A 级	一芽一叶~一芽三叶（或同等嫩度对夹叶）占 65 %以上，一芽四叶及以上占比小于 10 %，芽叶较匀整	特级	需要
		一级及以下	可直接加工
B 级	一芽一叶~一芽三叶（或同等嫩度对夹叶）占 50 %以上，一芽四叶及以上占比小于 20 %，芽叶尚匀整	二级及以上	需要
		二级以下	可直接加工
C 级	一芽一叶~一芽三叶（或同等嫩度对夹叶）占 50 %以下，芽叶欠匀整	三级及以上	需要
		三级以下	可直接加工
* 长炒青等级按照 GB/T 14456.3—2016 执行			

表 B.2 鲜叶分级机（平面振动式）筛板孔径配置参数及振动频率表　单位：mm

等级	T1 筛板（椭圆形孔）	T2 筛板（圆孔，直径）	T3 筛板（圆孔，直径）	振动频率（Hz）
A 级	6×20	20~22	22~26	30~40
B 级	6×20	20~24	24~28	35~40
C 级	6×20	20~24	22~28	35~45

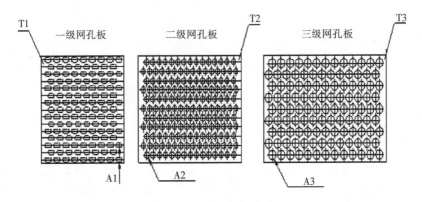

图 B.1 鲜叶分级机筛板示意图

附 录 C

（资料性附录）

不同干燥组合方式及工艺参数表

机采鲜叶加工长炒青不同干燥组合方式及其工艺参数见表 C.1。

表 C.1　不同干燥组合方式及工艺参数表

干燥方式		设备	参数	控制指标
烘 炒 — 滚	二青	烘干机	风温达到 120℃~130℃时，摊叶厚度 3cm~4cm，时长 10min~15min	手握茶叶略有刺手感，至叶色变暗，茎梗仍呈绿色，含水率控制在 25%~40%
			立即摊凉回潮，回潮时长 60min~150min	
	三青	炒干机	温度按照"先高后底"的原则，开始锅温在 110℃~120℃，当叶片受热回软后，降低锅温至 90℃，时长 30min~45min	手握茶叶有刺手感，茶条基本定形，含水率控制在 12%~16%
			立即摊凉回潮，回潮时长 60min~150min	
	辉干	滚筒炒干机	筒内壁温度达到 80 ℃~110℃时投叶，连续循环滚炒，时长 30 min~40 min，70 型投叶 30 kg/h~35 kg/h，80 型投叶 40 kg/h~45 kg/h，90 型投叶 45 kg/h~50 kg/h	手捻茶叶能成细粉，含水率控制在 6%以下
滚 炒 — 滚	二青	滚筒炒干机	筒内壁温度达到 130℃~150℃时投叶，连续循环滚炒，时长 8 min~12 min，70 型投叶 25kg/h~30kg/h，80 型投叶 30kg/h~35kg/h，90 型投叶 35kg/h~40kg/h	手握茶叶略有刺手感，叶色变暗，茎梗仍呈绿色，含水率控制在 25%~40%
			立即摊凉回潮，回潮时长 60 min~150 min。	
	三青	炒干机	炒三青时，温度按照"先高后底"的原则，开始锅温在 110℃~120℃，当叶片受热回软后，降低锅温至 90℃，时长 90min~110min	手握茶叶有刺手感，茶条基本定形，含水率控制在 10%~15%
			立即摊凉回潮，回潮时长 60min~150min	
	辉干	滚筒炒干机	筒内壁温度达到 80℃~110℃时投叶，连续循环滚炒，时长 30min~35min，70 型投叶 30kg/h~35kg/h，80 型投叶 40kg/h~45kg/h，90 型投叶 45kg/h~50kg/h	手捻茶叶能成细粉，含水率控制在 6 %以下
滚 — 滚 — 滚	二青	滚筒炒干机	筒内壁温度达到 130℃~150℃时投叶，连续循环滚炒，时长 8min~12min，70 型投叶 25kg/h~30kg/h，80 型投叶 30kg/h~35kg/h，90 型投叶 35kg/h~40kg/h	手握茶叶略有刺手感，叶色变暗，茎梗仍呈绿色，含水率控制在 25%~40%
			立即摊凉回潮，回潮时长 60min~150min	
	三青	滚筒炒干机	筒内壁温度达到 90℃~100℃时投叶，连续循环滚炒，时长 90min~100min，70 型投叶 28kg/h~30kg/h，80 型投叶 46kg/h~48kg/h，90 型投叶 64kg/h~66kg/h	手握茶叶有刺手感，茶条基本定形，含水率控制在 10%~15%
			立即摊凉回潮，回潮时长 60min~150min	
	辉干	滚筒炒干机	滚筒炒干机循环滚炒提香，筒内壁温度达到 80℃~110℃时投叶，连续循环滚炒时长 30min~40min，70 型投叶 30kg/h~35kg/h，80 型投叶 40kg/h~45kg/h，90 型投叶 45kg/h~50kg/h	手捻茶叶能成细粉，含水率控制在6%以下

浙江省名优绿茶机械化采制技术研究与示范

记　事

（2005—2017 年）

2005 年 7 月 10 日，浙江省"三农五方"科技协作计划项目《卷曲型名优绿茶机械化采摘及配套技术研究与示范》（合同编号：SN200508），省补资金 50 万元，起止年限：2005 年 8 月—2008 年 8 月，项目由中国农业科学院茶叶研究所和浙江省农业厅经济作物管理局共同承担，项目主持人为鲁成银研究员、毛祖法研究员，项目协作单位为浙江省农业机械管理局、衢州市绿峰茶机有限公司、浙江落合农林机械有限公司、浙江川崎茶业机械有限公司、临海市羊岩茶场、奉化市茶业协会、上虞市舜龙茶业有限公司等。

2006 年 7 月 16 日，浙江省农业厅经济作物管理局毛祖法局长率卷曲型名优绿茶机采项目组成员在临海市羊岩茶场（厂）开展名优茶机械采摘与分级试验。

2006 年 11 月 7 日，财政部和省财政厅下达了《出口绿茶机械化采摘技术示范与推广》（浙财农字【2006】243 号）农业技术推广项目，实施起止年限：2006—2008 年，省以上财政补助资金 160 万元。该项目由浙江省农业厅经济作物管理局主持，协作单位包括嵊州市林业局、诸暨市农业局、上虞市农林水产局、绍兴县林业局和绍兴市经济特产站。毛祖法任项目领导小组组长，陆德彪为项目执行组长。

2006 年 11 月 9 日，浙江省科技厅在杭州组织召开《名优绿茶机械化采摘加工技术及设备研制》省重大科技专项重点项目可行性论证会。同月，浙江省科技厅下达浙江省重大科技专项重点项目《名优绿茶机械化采摘加工技术及设备研制》（计划编号：2006C12104），起止年限：2006 年 11 月—2009 年 12 月。项目主持人为鲁成银研究员、毛祖法研究员，项目承担单位为中国农业科学院茶叶研究所和浙江省农业厅经济作物管理局，项目财政拨款 100 万元。

2007 年 4 月 14 日，中国农业科学院茶叶研究所鲁成银副所长带领名优绿茶机采项目组成员在奉化市尚田镇条宅茶厂开展名优茶机械化采摘与分级试验。

2008 年 3 月 1 日，卷曲形名优绿茶机采项目组在奉化召开项目实施进展交流会。会议由中国农业科学院茶叶研究所鲁成银副所长主持，中国农业科学院茶叶研究所尹军峰研究员、石元值副研究员及奉化市林特总站方乾勇高级农艺师等作了项目实施进展报告。会议对名优绿茶机采研究过程中存在问题、方案调整等进行了研讨。

2009 年 3 月 6 日，名优绿茶机械化采摘加工及设备研制项目组在杭州召开项目进展汇报会。

2009 年 4 月 6 日，名优绿茶机械化采摘加工及设备研制项目主持人鲁成银研究员率项目组成员在绍兴市御茶村开展名优茶机械化采摘与分级试验。

2009 年 12 月 6 日，名优绿茶机械化采摘加工及设备研制项目组在杭州召开项目交流会。

2010 年 1 月，浙江省"三农五方"科技协作计划项目"名优绿茶机械化采摘配套技术集成与示范推广"获得批准（编号：SN2009009）。项目由中国农业科学院茶叶研究所和浙江省农业厅经济作物管理局共同承担，项目主持人为鲁成银研究员、毛祖法研究员。

2010 年 3 月 22 日，中国农业科学院茶叶研究所会同浙江省农业厅经济作物管理局编制完成"名优绿茶机械化采摘技术攻关协作组"工作章程，成立浙江省名优绿茶机械化采摘技术攻关协作组，在全省范围内组织开展相关技术攻关工作。

2010 年 12 月 31 号，中国农业科学院茶叶研究所等单位承担的浙江省重大科技专项重点项目"名优绿茶机械化采摘加工技术及设备研制"（编号：2006C12104）通过浙江省科技厅组织的专家验收。项目筛选出龙井 43 等 3 个名优绿茶机采适宜品种，研制出便携式名优茶采摘机、茶鲜叶筛分机等关键设备，获国家实用新型专利 2 项，提出了 1 套名优绿茶机采茶园树冠培育技术及适采技术指标，并在奉化、临海、绍兴建立示范生产线。

2011 年 6 月 9 日，"名优绿茶机械化采摘配套技术研究与示范"（实施时间：2011 年 3 月—2012 年 12 月）列入浙江省茶产业技术创新战略联盟专项资金资助研究项目。该项目由浙江省农业厅经济作物管理局主持，绍兴县林业局、丽水市茶叶产业协会、中国农业科学院茶叶研究所、浙江川崎茶业机械有限公司等单位参与。项目主持人为陆德彪高级农艺师。

2011 年 7 月 29 日，茶产业技术创新战略联盟、国家茶产业工程技术研究中心、浙江省茶产业科技创新服务平台和中国农业科学院茶叶研究所联合在杭州举办了名优茶机械化采制技术研讨会。中国农业科学院茶叶研究所鲁成银副所长主持会议，中国农业科学院茶叶研究所尹军峰研究员、浙江省农业厅陆德彪高级农艺师等专家作了茶叶机采机制技术进展报告，对名优茶机采机制研发方向、名优绿茶机采机制研发协作机制等进行了研讨。

2012 年 4 月 12 日，中国农业科学院茶叶研究所、浙江省农业厅经济作物管理局和中国茶叶学会联合在绍兴市越州茶业有限公司召开名优茶机械化采摘及分级技术现场交流会。中国农业科学院茶叶研究所副所长鲁成银研究员、中国农业科学院茶叶研究所副所长阮建云研究员、浙江省农业厅经济作物管理局副局长毛祖法及浙江省7个茶叶主产县的茶叶主管部门、4家科研机构、20家茶叶企业的代表共60多人参加了会议。

2012年7月25日，浙江省科学技术厅下达《浙江省十县五十万亩茶产业升级转化工程》项目（浙科发农【2012】149号），在全省茶叶主产区重点组织实施优质绿茶机械化采摘及配套技术应用与示范等6个科技成果转化项目，建立示范基地和示范企业，转化工程项目起止年限2012—1015年，获省成果转化专项资金2400万元，项目总牵头单位为中国农业科学院茶叶研究所，项目首席专家鲁成银研究员。其中，《优质绿茶机械化采摘及配套技术应用与示范》项目（计划编号：2012T202-03）由中国农业科学院茶叶研究所尹军峰研究员主持，中国农业科学院茶叶研究所和浙江省农业技术推广中心为该项目的省级技术依托单位。同年10月16日，浙江省人民政府在杭州召开浙江省茶产业和竹产业成果转化工程启动会，"十县五十万亩茶产业成果转化工程"实施启动。

2012年11月19日，《浙江省人民政府办公厅关于提升发展茶产业的若干意见》（浙政办发〔2012〕142号）印发。《意见》把名优茶机采技术的研究和示范应用放在了十分重要的位置，强调"加强茶叶生产加工重大技术攻关和农机农艺技术融合，重点突破名优茶机械化采摘、连续化加工和茶园防霜冻等关键技术"。

2012年12月6—7日，浙江省十县五十万亩茶产业成果转化工程项目"优质绿茶机械化采摘及配套技术应用与示范"项目启动会在杭州召开。总项目首席专家、中国农业科学院茶叶研究所副所长鲁成银研究员作了项目介绍，课题主持人、中国农业科学院茶叶研究所尹军峰研究员和省农业厅陆德彪高级农艺师分别就课题目标任务等作了说明。

2012年12月26—27日，"优质绿茶机械化采摘及配套技术应用与示范"课题（以下简称"机采课题"）组专家赴泰顺县进行技术指导。

2013年1—9月，机采课题组相关成员分别赴泰顺、景宁、淳安、开化、缙云、嵊州、诸暨等地进行技术指导。

2013年9月23日，中国农业科学院茶叶研究所会同浙江省农业技术推广中心在绍兴市越州茶业有限公司举办了优质茶机械采摘及分级技术观摩交流会。

2013年12月24日，机采课题组成员赴天台县开展茶叶机采技术指导。

2013年12月10—10日，泰顺县举办了优质茶机械化采摘技术培训班。

2014年1月10—11日，中国农业科学院茶叶研究所会同浙江省农业技术推广中心在余姚市举办了优质绿茶机械化采摘及配套技术应用与示范项目工作交流会。

2014年2月20日，浙江省农业厅简报（第12期）报道了浙江省优质绿茶机械化采摘配套技术取得阶段性成果的情况，对过去几年优质绿茶机采项目组取得的研究进展与示范推广工作作了充分肯定。

2014年5月4日，尹军峰研究员率机采课题组成员和中国农业科学院茶叶研究所权启爱研究员赴磐安县指导机采分机设备的试验、示范与应用工作。

2014年7月22日，缙云县农业局和科技局联合在东方镇举办了"优质茶机采机制技术培训班"，机采课题组成员作了专题培训。

2014年7月23日，磐安县农业局、县劳动保障局联合举办了以茶叶机采、机耕为主要内容的茶园机械操作技术培训会。

2014年9月29—30日，浙江省农业技术推广中心会同浙江省茶产业技术创新与推广服务团队、中国农业科学院茶叶研究所联合在余姚组织召开了全省优质茶机械采摘与分级加工现场交流会。会议总结交流了各地名优茶机采配套技术试验与示范应用情况，展示了各地机采优质茶样品，现场观摩了优质曲毫茶全程机采制，研讨了关键技术。中国农业科学院茶叶研究所鲁成银副所长、阮建云副所长，浙江省农业技术推广中心吴海平副主任，浙江省农业厅茶叶首席专家毛祖法研究员出席会议。

2014年1—10月，机采课题组成员赴磐安、缙云、嵊州、绍兴、余姚、武义、余杭、景宁等地开展试验研究工作。

2014年12月，浙江省农业厅下达由省农业技术推广中心和中国农业科学院茶叶研究所联合承担的"三农六方"科技协作计划项目"扁形绿茶机械化采摘与加工关键技术研究与集成应用"科技协作计划项目（计划编号：201406），主持人俞燎远高级农艺师、尹军峰研究员。

2015年3月13日，浙江省农业技术推广中心下发《关于组织开展白化茶树品种（系）优选与优质茶机采机制技术交流活动的预备通知》（浙农技【2015】10号）。这是浙江省首次举办机采机制优质茶评鉴活动，以期通过对优质茶感官质量品质评审和比较，优选、提升不同类型优质茶的机采机制技术。

2015年4月16日，中国农业科学院茶叶研究所在绍兴御茶村召开优质绿茶机械化采摘及配套技术应用与示范项目现场观摩交流会。会议期间，技术人员实地操作了机采机制茶叶的生产全过程。中国农业科学院茶叶研究所副所长鲁成银研究员主持会议并作了项目介绍，浙江省科技厅农村处处长叶翠萍、中国农业科学院茶叶研究所所长杨亚军研究员和浙江省农业技术推广中心副主任吴海平等领导实地观摩了机采作业技术，并听取了项目负责人中国农业科学院茶叶研究所尹军峰研究员作的项目工作进展汇报和取得阶段性成果。会上，机采机制典型县市、企业分享了实施成果和经验，并研究确定了3种机采机制生产技术新模式。

2015 年 5 月 25 日，浙江省农业厅印发《关于印发种植业"五大"主推集成技术的通知》（浙农专发［2015］27 号），将"茶叶机采机制标准化技术"列入浙江省种植业"五大"主推技术之一。

2015 年 8 月 24 日，浙江省农业技术推广中心下发《关于开展种植业"五大"主推技术示范点建设的通知》（浙农技［2015］46 号），确定在丸新柴本制茶（杭州）有限公司、浙江千岛银珍农业开发有限公司等 12 个基地建立茶叶机采机制标准化技术示范点。

2015 年 9 月 14 日，浙江省农业技术推广中心发文公布了全省机采机制优质茶品质评鉴结果（浙农技［2015］54 号）。共收到机采机制茶样 66 只，其中杭州余杭区黄湖镇云顶农庄选送的径山毛峰、泰顺县万众茶叶专业合作社的毛峰、缙云县汝均茶叶合作社的扁茶等 23 只茶样获得"机采机制优质茶"称号。

2015 年 1—10 月，机采课题组成员赴绍兴、新昌、诸暨、武义、余杭、开化、磐安、天台、余姚等地开展试验研究工作。

2015 年 11 月 25—26 日，浙江省农业技术推广中心组织在开化召开了全省茶叶生产技术现场观摩交流会，期间进行了"2015 年度全省机采机制优质茶样品展示"。

2016 年 1 月 28 日，《浙江省人民政府办公厅关于促进茶产业传承发展的意见》（浙政办发〔2016〕11 号）印发。《意见》提出："到 2020 年，全省茶园面积稳定在 300 万亩左右"，"推广机采茶园 100 万亩以上"，"围绕全程机械化的目标，以茶叶机采机制为重点，研究推广先进适用茶机，开展茶园耕作、培管机械、采摘等农机与农艺结合模式融合试验示范推广"。

2016 年 6 月 6—7 日，浙江省农业厅在兰溪组织召开了全省种植业"五大"主推技术暨化肥减量增效现场推进会，林建东厅长出席会议并作重要讲话。期间，代表们参观了兰溪市赤山湖生态农庄有限公司的茶叶机采与机修、茶园机耕、茶园肥水一体化等技术示范现场，品尝了机采机制优质绿茶。武义县、柯桥区、安吉县等县示范推广茶叶机采机制技术的做法作为会议典型材料印发。

2015 年 8 月 3 日，由中国农业科学院茶叶研究所申报的农业行业标准《机采鲜叶加工优质绿茶技术规程》由农业部立项。

2016 年 11 月 17 日，由浙江省农业技术推广中心申报的浙江省地方标准《茶叶机械化采摘配套生产技术规程》由浙江省质量技术监督局立项。

2017 年 6 月 15 日，农业行业标准《机采机制茶叶加工技术规程 长炒青》通过农业部组织的预审定，正式报批。

2017 年 8 月 8—9 日，浙江省农业技术推广中心在遂昌县组织召开了全省优质茶机采机制技术现场观摩交流会。期间，代表们观摩了遂昌香茶机采作业、机采鲜叶加工作业，展示了扁形、毛峰形、颗粒形等优质绿茶的机采机制样品。会上，遂昌、柯桥、磐安、建德、诸暨等 5 个县作了典型经验交流，省茶产业团队专家尹军峰、苏祝成、陆德彪、马亚平就加快机采机制技术在优质茶生产中的推广应用进行了培训指导。

2017 年 10 月 23—25 日，农业部全国农业技术推广服务中心组织 15 个省（区、市）的 30 余位省级茶叶业务站长、茶叶大县代表及龙头企业技术负责人，由全国农业技术推广服务中心经作处冷扬副处长带队赴浙江专题考察茶叶机采机制技术。浙江省茶叶机采机制技术研究与示范推广工作赢得了全国兄弟省市同行的较高评价。

2017 年 10 月 25 日，浙江省农业技术推广中心组织联合中国农业科学院茶叶研究所在武义县，组织相关专家对浙江省"三农六方"科技协作计划"扁形绿茶机械化采摘与加工关键技术研究与集成应用"（编号：201406）项目中机采扁形茶生产流水线进行现场验收。

2017 年 11 月 17 日，浙江省农业技术推广中心组织专家对该中心编制的《茶叶机采机制技术模式图》进行了评审。同年 12 月，该模式图印发全省使用。

2017 年 12 月 14 日，浙江省茶产业团队技术项目（2016—2018）中期总结交流会在杭州召开。会上，武义县的扁形绿茶机采机制、柯桥区的颗粒形日铸茶机采机制、诸暨市优质绿茶"二段"机采、建德市的中低档龙井茶机采机制、德清县的优质绿茶机采机制等 5 个机采机制配套技术（模式）作了专题介绍，并将其典型材料汇编印发。